水禽健康养殖与疫病防控

◎孙敏华　编著

U0349293

中国农业科学技术出版社

图书在版编目（CIP）数据

水禽健康养殖与疫病防控 / 孙敏华编著 . —北京：中国农业
科学技术出版社，2020.4

ISBN 978-7-5116-4665-1

Ⅰ.①水… Ⅱ.①孙… Ⅲ.水禽—饲养管理 ②水禽—动物
疾病—防治 Ⅳ.①S83 ②S858.3

中国版本图书馆 CIP 数据核字（2020）第 055500 号

责任编辑 崔改泵 李 华
责任校对 贾海霞

出 版 者 中国农业科学技术出版社
        北京市中关村南大街12号 邮编：100081
电 话 （010）82109708（编辑室） （010）82109702（发行部）
        （010）82109709（读者服务部）
传 真 （010）82106650
网 址 http://www.castp.cn
经 销 者 各地新华书店
印 刷 者 北京富泰印刷有限责任公司
开 本 880mm×1 230mm 1/32
印 张 4.125 彩插8面
字 数 118千字
版 次 2020年4月第1版 2020年4月第1次印刷
定 价 35.00元

《水禽健康养殖与疫病防控》

编著委员会

主 编 著　孙敏华（广东省农业科学院动物卫生研究所）

编著人员（按姓氏拼音排序）

董嘉文（广东省农业科学院动物卫生研究所）

黄允真（广东省农业科学院动物卫生研究所）

康桦华（广东省农业科学院动物卫生研究所）

邝瑞欢（广东省农业科学院动物卫生研究所）

李　昂（清远市清新区金羽丰养殖服务部）

李林林（广东省农业科学院动物卫生研究所）

林祯平（汕头市白沙禽畜原种研究所）

魏文康（广东省农业科学院动物卫生研究所）

徐志宏（广东省农业科学院动物卫生研究所）

张俊勤（广东省农业科学院动物卫生研究所）

　　我国饲养的水禽主要是鸭和鹅，年养殖量约40亿只，约占世界水禽养殖总量的80％。水禽养殖为农业发展、农民增收作出了积极贡献，取得了良好的经济效益和社会效益。我国地域广阔，水禽养殖模式也因地制宜，在场地、设施、饲养方法等方面如何适应现代养殖的发展要求，守护好绿水青山是水禽健康养殖的重要命题。同时，在健康养殖的理念下，如何科学认识疾病，有效防控疾病是保护动物健康、保障食品安全的迫切要求。

　　当前水禽养殖技术日新月异，疫病流行情况日趋复杂，因此健康养殖和疫病防控成为水禽养殖业关注的重要话题，也是"同一世界、同一健康"理念下践行者的责任和担当。推出一本入门级水禽养殖和疫病防控手册是本书编著者追求的目标。编著者力求使本书贴近实际生产需要，并把理论和实践两方面结合起来，以期给养殖从业者一定的启示和指导。在疫病防控方面，以临床一线图片为基础，力求做到通俗易懂，有助于水禽健康养殖和疫病防控技术的普及和提高。

　　本书得到了国家重点研发计划（2017YFD0500800）、广东省水禽产业技术体系（2019KJ137）、广东省自然科学基金（2018B030315003）、广东省科技计划项目（2017A040403015）、广东省科技特派员（T2018055）、江门市开平市家禽省级现代农业产业园"马冈鹅种质资源建设"和广东省科技专项"江门水禽疫情监测和防控技术研发与示范"项目（DZX20192520301）的资助，在此表示衷心感谢！

由于编著者水平有限，本书难免会出现疏漏和不足之处，恳请广大读者批评指正。

编著者

2020年1月

鸭健康养殖与疫病防控

第一章 鸭品种简介 ……………………………… 3

　一、蛋用型 ……………………………………… 3

　二、肉用型 ……………………………………… 5

第二章 鸭场的选址及设计 ……………………… 9

　一、环境要求 …………………………………… 9

　二、实用要求 …………………………………… 11

　三、环保要求 …………………………………… 13

第三章 鸭的营养需要量 ………………………… 15

　一、能量 ………………………………………… 15

　二、蛋白质 ……………………………………… 15

　三、矿物质 ……………………………………… 16

　四、维生素 ……………………………………… 16

第四章 雏鸭的饲养管理 ………………………… 20

　一、雏鸭的生理特点 …………………………… 20

　二、育雏前的准备 ……………………………… 20

　三、育雏方式 …………………………………… 21

　四、雏鸭开口方法 ……………………………… 21

　五、饲喂方法 …………………………………… 22

六、饲料选择 …………………………………… 22

七、温度选择 …………………………………… 23

八、饲养密度选择 ……………………………… 23

九、通风换气方法 ……………………………… 24

十、疫病防控方法 ……………………………… 24

第五章 育成鸭的饲养管理 …………………………… 25

一、饲料与营养 ………………………………… 25

二、限饲 ………………………………………… 25

三、分群与密度 ………………………………… 26

四、适量运动 …………………………………… 26

五、适宜光照 …………………………………… 27

第六章 产蛋鸭和种鸭的饲养管理 ………………… 28

一、产蛋鸭的特点 ……………………………… 28

二、产蛋鸭的环境要求 ………………………… 29

三、产蛋期的管理要点 ………………………… 30

四、种鸭的饲养管理 …………………………… 32

五、强制换羽 …………………………………… 33

第七章 鸭繁殖与孵化 ………………………………… 35

一、种蛋保存 …………………………………… 35

二、种蛋包装运输 ……………………………… 35

三、种蛋消毒方法 ……………………………… 35

四、种蛋质量要求 ……………………………… 36

五、种蛋孵化条件 ……………………………… 37

第八章 鸭病毒性疾病 ………………………………… 41

一、鸭流感 ……………………………………… 41

二、坦布苏病毒病（黄病毒病） ……………… 42

三、新型番鸭呼肠孤病毒病 ……………… 44

四、鸭肝炎（鸭甲肝病毒病） ……………… 45

五、鹅细小病毒病 ……………………………… 46

六、番鸭细小病毒病 …………………………… 47

七、鸭瘟 ………………………………………… 48

八、白肝病 ……………………………………… 49

第九章　鸭常见细菌病 ………………………… 51

一、鸭大肠杆菌病 ……………………………… 51

二、鸭传染性浆膜炎 …………………………… 53

三、禽霍乱 ……………………………………… 54

四、鸭沙门氏菌病 ……………………………… 55

五、鸭坏死性肠炎 ……………………………… 56

第十章　鸭常见寄生虫病 ……………………… 58

一、鸭球虫病 …………………………………… 58

二、鸭丝虫病 …………………………………… 58

三、鸭多棘头虫病 ……………………………… 59

四、鸭吸虫病 …………………………………… 60

第十一章　其他鸭病 …………………………… 62

一、鸭痛风 ……………………………………… 62

二、鸭曲霉菌病 ………………………………… 63

鹅健康养殖与疫病防控

第十二章　鹅品种简介 ………………………… 67

一、肉用鹅 ……………………………………… 67

二、蛋用鹅 •• 70

第十三章　鹅场的建设 •••••••••••••••••••••••••••••••• 72

一、选址要求 •• 72

二、水源、饲料、运动场要求 •••••••••••••••••••••••••• 73

三、鹅场布局 •• 73

四、场内设施 •• 73

五、建设时间 •• 74

六、鹅舍朝向 •• 74

七、鹅舍温度与湿度 •••••••••••••••••••••••••••••••••••••• 74

第十四章　鹅的营养需要量 •••••••••••••••••••••••••• 75

一、肉鹅营养需要量 •••••••••••••••••••••••••••••••••••••• 75

二、种鹅营养需要量 •••••••••••••••••••••••••••••••••••••• 76

第十五章　鹅的饲养管理 •••••••••••••••••••••••••••••• 78

一、雏鹅（出壳至4周龄）饲养管理 •••••••••••••••• 78

二、中鹅（4周龄以上至育肥前）饲养管理 ••••• 81

三、后备种鹅（70日龄以上留种用鹅）饲养管理 ••••••• 83

四、种公鹅饲养管理 •••••••••••••••••••••••••••••••••••••• 86

第十六章　鹅繁殖与孵化 •••••••••••••••••••••••••••••• 88

一、鹅的繁殖 •• 88

二、鹅的孵化 •• 91

第十七章　鹅病毒性疾病 ••••••••••••••••••••••••••••••• 99

一、禽流感 •• 99

二、小鹅瘟 •• 101

三、坦布苏病毒病（黄病毒病） •••••••••••••••••• 101

四、鹅副黏病毒病 •• 103

五、鸭瘟病毒感染 …………………………………………… 103

六、鹅痛风病 …………………………………………… 105

第十八章　鹅常见细菌病 …………………………………… 106

一、鹅传染性浆膜炎 …………………………………… 106

二、禽霍乱 …………………………………………… 107

三、鹅大肠杆菌病 …………………………………… 108

四、鹅沙门氏菌病 …………………………………… 109

五、雏鹅曲霉菌病 …………………………………… 110

第十九章　鹅常见寄生虫病 …………………………………… 112

一、鹅羽虱病 …………………………………………… 112

二、鹅剑带绦虫病 …………………………………… 113

三、鹅球虫病 …………………………………………… 114

四、鹅裂口线虫 …………………………………… 115

五、鹅嗜眼吸虫病 …………………………………… 115

六、鹅棘口吸虫病 …………………………………… 116

参考文献 ………………………………………………………… 118

鸭

健康养殖与疫病防控

第一章 鸭品种简介

一、蛋用型

（一）绍兴鸭

绍兴鸭原产于浙江省旧绍兴府所属的绍兴、萧山、诸暨等地。该鸭具有产蛋多、成熟早、体型小、耗料少等优点。绍兴鸭体躯狭长，结构匀称、紧凑、结实。根据毛色可分为带圈白翼梢（WH）鸭和红毛绿翼梢（RE）鸭2个品系。带圈白翼梢公鸭全身羽毛深褐色，头、颈上部羽毛墨绿色且有光泽。母鸭全身浅褐色，呈麻雀色羽，颈中间有2~4厘米宽的白色羽环。主翼羽白色，腹部中下部羽毛白色。眼虹彩灰蓝色，喙橘黄色，喙豆黑色，胫、蹼橘红色，爪白色，皮肤黄色。红毛绿翼梢公鸭全身羽毛深褐色。从头至颈部羽毛均呈墨绿色且有光泽。镜羽墨绿色，尾部性羽墨绿色，喙橘黄色，胫、蹼均为橘红色。母鸭全身深褐色羽。颈部无白环，颈上部褐色，无麻点。镜羽墨绿色且有光泽。腹部褐麻色，无白色。眼虹彩褐色，喙灰黄色，喙豆黑色，蹼橘黄色。爪黑色，皮肤黄色。

红毛绿翼梢母鸭成年体重1.25千克，年产蛋为250~300枚，300日龄蛋重70克，产蛋期料蛋比2.7∶1，产蛋期存活率92%，蛋壳为白色。带圈白翼梢母鸭成年体重1.30千克，年产蛋

250~290枚，蛋壳为玉白色，少数为白色或青绿色，产蛋期料蛋比2.6：1，产蛋期存活率97%。带圈白翼梢（WH）鸭和红毛绿翼梢（RE）鸭繁殖性能差异不显著，公母配比1：（20~30），种蛋受精率90%以上，受精蛋孵化率80%以上。

（二）金定鸭

金定鸭原产于福建省定海县紫泥乡金定村。公鸭胸宽背阔、体躯较长，头颈部羽毛有翠绿色光泽，背部褐色，胸部红褐色，腹部细芦花斑纹，主尾羽黑褐色，性羽黑色并略上翘，喙黄绿色，颈、蹼橘黄色，爪黑色，虹彩褐色；母鸭身体细长，匀称紧凑。全身赤褐色麻雀羽，背部羽毛从前向后逐渐加深，腹部羽毛较淡，颈部羽毛纤细无斑点，翼羽黑褐色，有镜羽，喙古铜色，胫、蹼橘黄色，爪黑色。

金定鸭产蛋多、蛋大、觅食力强，具有饲料转化率高和耐热抗寒的优点。适宜在海滩放牧和在河流、池塘、稻田及平原放牧，也可舍内饲养。

成年公鸭体重1.78千克，母鸭1.70千克。母鸭110~120日龄开产，年产蛋240~280枚，在舍饲条件下年产蛋可达300枚，蛋重约73克。蛋壳以青色为主，约占95%。公母配比1：（20~25），受精率约90%，孵化率85%~92%。育雏期成活率98%，育成期成活率99%，初生重45.5克，育雏期28日龄体重0.7千克。雏鸭期耗料比1.9：1，产蛋期料蛋比（从产蛋率5%计）为3.4：1。

（三）山麻鸭

龙岩山麻鸭，原产于龙岩市龙门镇的湖一、龙门一带，分布于龙岩地区，又称"新岭鸭"。成年母鸭体型小且紧凑，头颈秀长，胸较浅，腹部钝圆。眼圆大，虹彩褐色。多数个体为浅褐色，少数个体为褐麻色，每根羽轴周围有一条纵向黑色条纹。前胸和腹部羽色稍浅，布有黑色斑点。喙、喙豆、胫、蹼为橘黄色，爪浅黄色。成年公鸭头颈秀长，胸较浅、背偏窄、腹部平、躯干呈长方形。虹膜黑色，巩膜褐色。头部及靠近头部的颈部羽色墨绿有光泽；大多数颈部有白色羽环，胸部羽毛红褐色，腹羽白色；背部羽毛灰褐色；镜羽黑色，尾羽和性卷羽为黑色；性卷羽2～4根。喙黄绿色，喙豆黑色；胫、蹼橘红色，爪浅黄色。

山麻鸭高产系成年体重公1.4～1.6千克（公母相似）。开产（产蛋50%）日龄在110～130天之间，90%以上的产蛋性能可持续5个月以上，平均蛋重66克，500日龄产蛋数300枚，公母配比1:（20～25），料蛋比2.9:1。育雏期成活率约98%，育成期成活率约97%。山麻鸭适宜采用笼养、旱地圈养结合间歇喷淋饲养模式。

二、肉用型

（一）北京鸭

北京鸭原产于北京玉泉山一带，因而得名。北京鸭在我国各地均有分布，体型硕大丰满，挺拔强健。羽毛为纯白色，嘴、腿、蹼呈橘红色，头和喙较短，颈粗、背宽平，胸部丰满，胸骨长而直，两翅较小，紧附于体躯。尾羽短且上翘，公鸭有2～4根卷起的性羽。产蛋母鸭因输卵管发达而腹部丰满，腿短粗，蹼宽厚。

一般鸭群雏鸭初生重58～62克，3周龄为0.6～0.7千克，7周龄为1.75～2千克，9周龄为2.5～2.75千克。北京鸭主要用于生产填鸭，生产程序分幼雏、中雏和填鸭，幼雏、中雏也称"鸭坯子"阶段。以7周左右时间再填10～15天，使填鸭达到2.75千克左右的出售标准。填鸭方式生产的北京鸭屠体脂肪率较高，瘦肉率略低。北京鸭填鸭的半净膛屠宰率，公鸭80.6%，母鸭

81.0%；全净膛屠宰率，公鸭73.8%，母鸭74.1%。胸腿肌占胴体比例，公鸭18%，母鸭18.5%。自由采食饲养的肉鸭，半净膛屠宰率，公鸭83.6%，母鸭82.2%；全净膛屠宰率，公鸭77.9%，母鸭76.5%，胸腿肌占胴体比例，公鸭21.6%，母鸭22.8%。

母鸭年产蛋量200~240枚，公母配种比例为1：（4~6），种蛋受精率90%以上。受精蛋孵化率约80%。1~28日龄雏鸭成活率95%以上。

（二）樱桃谷鸭

樱桃谷鸭是英国林肯郡樱桃谷公司在北京鸭的基础上培育成的优良品种，又称"快大鸭"或"超级鸭"。樱桃谷鸭的外貌近似北京鸭，全身羽毛白色，头大，额宽，鼻脊较高；喙橙黄色、颈平且粗短，翅膀强健，紧贴躯干，体型硕大；背部宽而长，从肩向尾稍斜，胸宽肉厚，呈长方体；腿粗而短呈橘红色，位于躯干后部。公鸭有2~4根白色性指羽。

樱桃谷鸭体型大、生长快，具有肉质好、瘦肉多、适应性强和饲料报酬高等优点。据报道，在喂全价饲料和良好的管理条件下，初生重60克雏鸭，3周龄重0.6千克，5周龄重1.4千克，2月龄便长至3~4千克，料肉比2.81：1。母鸭140~150日龄开始产蛋，产蛋高峰期长达5~6个月，年产蛋220枚左右。冬季照常产蛋、交配。种蛋受精率可达90%左右。屠宰半净膛率为85.6%。全净膛率为79.1%。

樱桃谷鸭耐寒也耐热，可水养也能旱牧。喜栖息于干爽地方，湖沼、平原、丘陵或山区、坡地、竹林、房前屋后均可放牧。不善飞翔，性情温驯易合群，适合大群管理。

（三）番鸭

番鸭原产于中、南美洲热带地区。我国主产于福建莆田、福州市郊和龙海等地。番鸭体型前尖后窄，呈纺锤形，头大，颈短，嘴短而窄，爪发达；胸部宽阔丰满，尾部瘦长，可做短距离飞翔。嘴基部和眼圈周围有红色或黑色的肉瘤，公鸭展延较宽。翼羽矫健且长，尾羽长，向上微微翘起。番鸭羽毛颜色有白色、黑色、花色3种，少数呈银灰色。羽色不同，体型外貌亦有一些差别。

不同羽色公番鸭体重差异显著，母番鸭差异不显著。成年白羽公番鸭体重一般在6千克左右，黑羽公番鸭仅4.5千克；成年白羽母番鸭体重一般为3.1千克，黑羽母番鸭2.5～2.7千克。母鸭平均开产日龄为173天，年产蛋80～120枚，蛋壳为玉白色。利用母番鸭孵化，其孵化率一般在80%～85%，使用人工孵化，孵化率为70%，孵化期35天。5～6月龄性成熟可配种。在春季，公母比例为1:（7～8）时，受精率为90%。

（四）仙湖肉鸭配套系

仙湖肉鸭配套系是广东佛山科学技术学院科研人员以樱桃谷鸭、狄高鸭和仙湖2号鸭为品种选育素材，经过近10年系统选育培育出的高产、优质、专门化肉鸭配套系，具有生长速度快、产蛋多、瘦肉率高、耗料少、适应性广、抗病力强等优点。

仙湖肉鸭配套系体型外貌与北京鸭相似，但体型较北京鸭大且结实。成鸭全身羽毛洁白而紧凑，头大，额宽，颈粗短，体长，脚短，背宽，胸部发达，体躯倾斜度小，几乎与地面平行，喙橙黄色，脚、胫、蹼橘红色。仙湖肉鸭配套系目前已有两个专门化配套品系，专门化父系种鸭49日龄平均体重3.6千克，料肉比2.75:1。27周龄开产，64周龄平均产蛋量210个，胸腿肌肉率24.0%。专门化母系种鸭49日龄平均体重3.5千克，料肉比2.87:1，27周龄开产，64周龄平均产蛋量189个，胸腿肌肉率23.5%。商品肉鸭6周龄体重3.2～3.4千克，7周龄体重3.4～3.7千克，饲料转化率（2.57～2.7）:1，胸腿肉率23%～24%，上市肉鸭成活率98.6%以上。

（五）三水白鸭配套系

三水白鸭是广东省佛山市联科畜禽良种繁育场与华南农业大学动物科学学院合作培育而成的国家级水禽新品种。三水白鸭以其父母代种鸭繁殖性能优越、商品代肉鸭早期生长速度快且瘦肉率高等优势，受到养殖户欢迎。

三水白鸭具有以下特征：雏鸭绒毛呈淡黄色，成年鸭全身羽毛白色；喙大部分为橙黄色，小部分为肉色；胫和蹼为橘红色；体型硕大，体躯前宽后窄呈倒三角形，背部宽平，胸部丰满；公鸭头大颈粗，脚粗长，母鸭颈细长，脚细短；体躯倾斜度小，几乎与地面平行。种鸭初产日龄为180天，高峰期蛋重91.4克，产蛋高峰期日龄为210天，高峰期产蛋率达94%，产蛋期300天，产蛋达242枚，种蛋合格率93.9%；商品肉鸭42日龄活重为3.21千克，料肉比2.59：1，全净膛率75.1%，半净膛率83.5%，胸腿肉率24.5%。

第二章 鸭场的选址及设计

一、环境要求

（一）水源充足

鸭日常活动与水有密切联系，洗澡、交配都离不开水，水上运动场对鸭来说非常重要。养鸭用水量很大，廉价的自然水源，能降低饲养成本。因此，选择场址时，水源充足是首要条件，即使是干旱季节，也不能断水。传统养殖模式通常将鸭舍建在河湖边上，水面宽阔，水深为1～2米。现代化大型鸭舍通常采用网上或笼养模式，场内多建有深井，以保证水源和水质。

（二）交通方便

鸭场建场时要选在交通方便的地方，与公路、水路或铁路相通，或距离主要集散地较近，便于产品、饲料以及各种物资的进出，以降低运输费用，但绝不能离车站、码头或交通要道（公路或铁路）太近，以免给防疫造成麻烦。而且，由于环境不安静，容易引起鸭的应激反应，影响生长和产蛋。

（三）地势高燥，排水良好

建造鸭场的场地要高于周围地区，地势要略向水面倾斜，最好有5°左右的坡度，有利于排水；土质以沙质壤土最适，雨后易干燥，不宜选在黏性太大的重黏土上建鸭场，雨后容易泥泞积水。山区应该选择在半山腰处建场，不选昼夜温差过大的山顶，特别不能在通风、排水不良的低洼地建场，否则每年雨季时，鸭舍易被水淹没，造成不可估量的损失。

（四）环境无污染

场址周围5千米内，绝对不能有禽畜屠宰场，也不能有排放污水或有毒气体的厂矿、化工厂、农药厂，并且离居民点也要在500～1 000米。尽可能在工厂和城镇的上游建厂，以保持空气清新、水质干净、环境优良。鸭场周围要建围墙或防疫沟，并建立绿化隔离带。鸭场所使用的水必须洁净，每100毫升水中大肠杆菌数不超过5 000个，否则对鸭的健康有损害，若以上情况缺乏有效的消除办法，应另找新的水源。鸭场不允许建在食品厂、饮用水源的上游。

（五）朝向的选择

开放或半开放鸭舍的位置要建在水面的北侧，鸭滩和水上运动场要建在鸭舍的南面，使鸭舍的大门正对水面，向南开放，这种朝向的鸭舍冬季采光面积大、吸热保温好；夏季通风又不被太阳直晒，具有冬暖夏凉的特点，有利于鸭的生长发育和提高产蛋率。如果找不到朝南的合适场址，朝东南或朝东也可以考虑，但绝不能在朝西或朝北的地段建鸭舍，因为这种西北朝向的房舍，夏季迎西晒太阳，舍内气温高、闷热，不但影响生长和产蛋，还容易造成鸭中暑死亡；冬季迎西北风，舍温低，鸭子耗料多、产蛋少。因此，在同样条件下养鸭，朝西北向的鸭舍比朝南的鸭舍，投入要多一成，产出要少，而且死亡率高，经济效益差。

除上述5个方面外，还有一些特殊情况，也要予以关注。在选择厂址时，应有电力保障，电源不稳定或尚未通电的地方不宜建场。若在沿海地区，要考虑台风的影响，经常受台风袭击的地方，夏季通风不良的山坳，不能建造鸭场；此外在建鸭场前，应考虑好鸭场的排污、粪便废物的处理，做好周密计划。

二、实用要求

鸭舍分临时性简易鸭舍和长期性固定鸭舍两大类。早期我国农村的小型鸭场大部分是简易鸭舍，近几年创建的大中型鸭场大部分是固定鸭舍。生产者可根据自己的条件和当地的资源情况选择一种合适的鸭舍。完整的平养鸭舍通常包括鸭舍、鸭滩（陆上运动场）、水围（水上运动场）3个部分，3个部分面积的比例一般为（1∶1.5）~（2∶1.5）或2∶2。现分述如下。

（一）鸭舍

最基本的要求是冬暖夏凉、空气流通、光线充足、便于饲养管理。

商品蛋鸭舍每间长8~10米，宽7~8米，近似于方形，便于鸭群在舍内做转圈活动。不能把鸭舍分隔成狭窄的长方形，否则鸭子进舍转圈时易拥堵，极容易踩踏致伤。同时在附近建设好仓库、饲料室和管理人员宿舍。规模化肉鸭养殖场通常长达120米，宽18米左右。除了预留两侧通风口外，还需要装好足够的换气扇，一般一个长80米、宽6米的鸭舍要装10个换气扇，两端分别装上两个，两侧风别装上3个换气扇，但不同大小数量不同。鸭舍地下要设排污通道或者采用发酵床、粪污一体化设备进行粪污处理，避免造成环境污染。顶棚必须坚固，可以防风雨、霜雪、遮阳。

建筑面积估算：因鸭品种、日龄及各地气候不同，对鸭舍面积的要求也不同。鸭舍面积的估算与饲养密度有关，而饲养密度又与鸭的品种、日龄、用途和季节相关。在估算建造鸭舍的建筑面积时，要适当放宽计划，留有余地；在使用鸭舍时，要详细计划，充分利用建筑面积，提高鸭舍的利用率。

鸭舍使用原则是：单位面积内，冬季可提高饲养密度，适当多养，而夏季要少养些；小面积的鸭舍，饲养密度适当小些，大面积的鸭舍，饲养密度适当大些；运动场小的鸭舍，饲养密度应当小一些，运动场大的鸭舍，饲养密度可以大一些。

（二）鸭滩

又称陆上运动场，是鸭休息和运动的场所，面积为鸭舍的1.5～2倍。鸭滩可以用防护网围成一个能容纳所有鸭子的场地，一端紧连鸭舍，一端直通水面。注意要宽敞一些，不要密集。鸭滩略向水面倾斜，利于排水；鸭滩的地面以砖、水泥地为好，也可以是夯实的泥地，但必须平整，不能坑坑洼洼，以免蓄积污水。鸭滩连接水围处，用砖头或水泥制成一个小坡度的斜坡，水泥地面要防滑。因此处是鸭群入水和上岸必经之地，使用率极高，还因受到水浪的冲击，很容易坍塌凹陷。须用石块砌好，浇上水泥，把坡面修得平整坚固，斜坡应延伸至水上运动场的水下10厘米（最好在水位最低的枯水期内修建坡面），使鸭群上下水方便。此处不能为了省钱而草率修建，否则饲养鸭以后，会造成凹凸不平现象，引起伤残事故不断，造成经济损失。

鸭滩上运动场面积的1/2应搭有凉棚或栽种植落叶乔木或落叶果树，并用水泥砌成1米高的围栏，防止鸭子入内啄伤幼树，并防止浓度很高的鸭粪肥水渗入树根部致树木死亡。把在舍外饲喂的料放在凉棚下，以防饲料被水淋湿。在鸭滩上植树，不仅能美化环境，还能充分利用鸭滩面积和剩余的肥料，促进树木和水果丰收，增加经济收入。并且在盛夏季节还能遮阳降温，使鸭舍和运动场的小环境更凉爽，一举多得，如果是旱养模式，可以额外设置室内运动场，但注意与鸭舍的连接处应保证足够的空间，以防过于拥挤。

（三）水围

即水上运动场，就是嬉耍、配种的场所，可以增强抗病能力，其面积不少于鸭滩。水上运动场可利用天然沟塘，也可用人工浴池。考虑到枯水季节水面要缩小，如条件许可，因尽量把水围扩大一些，有利于鸭群运动。旱养模式下则不用设置水围，只需要架设水线，但需保证夏季和冬季水线不断水。

在鸭舍、鸭滩、水围这3个部分的连接处，需用围栏把它们围成一体。使每一单间都自成一个独立体系，以防鸭互相走乱混杂。陆地上围栏的高度为60～80厘米，水上围栏的上沿高度应超过最高水位50厘米，下沿最好深入河底，或低于最低水位50厘米。

三、环保要求

规模化养鸭不可避免地存在环境污染风险。为此，许多专家学者进行了网养、笼养的探索。如蛋鸭笼养早期采用常见的竹片、竹竿搭建。笼高60厘米，宽70厘米，长165厘米，离地40～50厘米，每平方米饲养10只左右，产蛋区用谷草铺设。后来逐渐发展到专门的笼具，采用三层阶梯式A型笼，镀锌喷塑铁丝网，单笼个体饲养。笼具一般高40厘米，宽33厘米，深35厘米，隔网、后网及顶网孔径以不卡住鸭嘴为宜。底网网孔2厘米×3厘米，以不卡住鸭蹼为宜，底网坡度一般5°左右，每笼2只蛋鸭。鸭粪可采用刮粪板集中粪污或发酵床发酵方式，降低环境污染风险。条件好的场地，可配备现代化设备，如风机、水帘、自动饮水、自动上料、自动清粪系统、自动集蛋等设备。需要注意的是，蛋鸭胆小，应尽量减小应激，避免出现笼具卡鸭脖子。上笼后一般开产日龄会略推迟，应适当多投喂多种维生素。通风不宜直接吹过鸭体，否则容易引起腹泻，减蛋。

　　笼养肉鸭场应设置洁净通道用于运送鸭苗、饲料等；同时设置污道用于运送鸭粪、病死鸭等，以避免肉鸭场病原的交叉污染。鸭舍进风口应空气清新，排风口应朝向污道，饮水区使用乳头饮水器，下面布设收集槽，减少水流在笼内流出造成二次污染。鸭粪经传送带运出后，堆积发酵，同时要添加辅助发酵菌种，定期用翻耙机混匀，避免死床，以便制成有机肥料。规模较大的鸭场可建设沼气生产设施。鸭舍布局宜采用南北向，进口在东向，出口在西向，通风小窗南北皆有，鸭舍的长轴垂直于当地夏季的主风向。鸭舍间距以15～25米为宜，鸭舍长度100～120米，宽度为18米，檐高为3米，脊高为5～6米。鸭舍梁架应结实，屋顶铺盖彩钢瓦、保温板和防火材料。北方地区应在砖墙中间装有4厘米厚的保温层，育雏舍最好采用水热的地暖装置，地面水泥厚8厘米左右。鸭舍内的墙面和地面应光滑而无缝隙，以方便在养鸭过程中进行冲洗和消毒。最好安装风机湿帘系统，便于控制鸭舍内的温度、湿度和空气质量。目前多采用单列直立式三层笼养，A型笼占地较大，逐步淘汰。鸭舍为全封闭式，供水、加料、光照、通风采用全自动化或半自动化人工控制。此外，有条件的场地可安装监控系统，便于管理人员实时监控鸭舍内的状况，及时处理异常情况。

第三章 鸭的营养需要量

一、能量

能量是鸭营养的基础，鸭只有消化降解某些营养物质才能获得能量。能量来源于饲料中的三大有机物质，即碳水化合物、脂肪和蛋白质。碳水化合物包括淀粉、糖类和粗纤维，是植物性饲料中含量最高的营养成分。鸭对粗纤维消化能力低，日粮中不可过多，一般为3%～5%，育成鸭日粮可增加至8%，但过少则鸭肠蠕动不充分。脂肪是鸭体组织细胞的主要成分，鸭在营养上唯一必需的脂肪酸为亚油酸。日粮中添加1%～5%脂肪，能提高饲料的利用率和鸭的生产性能。对鸭来说，日粮能量水平是决定鸭采食量的最重要因素。鸭对低能日粮的接受能力更强，但饲喂低能日粮鸭的饲料转化率明显降低。鸭对能量的需要，以富含碳水化合物的谷物饲料为主，一般占日粮的70%左右。因此，在配制鸭日粮和确定其营养需要量时，应注意随日粮能量浓度的变化作相应的调整，以确保各营养成分的需要量。

二、蛋白质

蛋白质是构成机体各种组织，维持正常代谢、生长、繁殖、生产各种产品等不可缺少的重要营养物质。蛋白质包括纯蛋白和氨化物两类，总称粗蛋白。饲料中蛋白质在消化道内被降解，最后分解为游离氨基酸被肠道吸收后进入血液，被输送到肝脏和其他体细胞，以合成鸭所需的蛋白质。因此，为获得最大增重和最佳饲料报酬，产蛋鸭日粮中粗蛋白含量一般为18%；1～2周龄肉仔鸭的粗蛋白需要量为17%～21%，2～7周龄肉鸭的粗蛋白需要量为13%～18%。常规的蛋白质原料，如豆粕、鱼粉、菜粕、棉粕等均是鸭较好的蛋白质来源，也可选择补充适量的商品氨基酸来满足鸭对氨基酸的需要，同时节约饲料成本。但杂粕的添加量需要控制在一定比例，否则容易导致蛋品和种蛋质量下降。雏鸭饲料中尽可能选用玉米、豆粕和鱼粉等易消化的原料，不要用花生饼、棉仁粕、菜籽粕等消化率低的原料。值得引起重视，为获得肉鸭最佳生长性能和饲料转化率，肉鸭色氨酸需要量应不少于0.23%。

三、矿物质

（1）钙和磷。蛋鸭日粮中钙的含量一般为2.5%～3.5%；磷的含量一般在0.4%～0.6%；产蛋鸭日粮中钙磷比例一般为（4～6）：1。

（2）铁和铜。铁的需要量为每千克饲料中60～80毫克、铜为5～8毫克。

（3）锌。需要量为每千克饲料中50～60毫克。

（4）锰。需要量为每千克饲料中30～60毫克。

（5）硒。需要量为每千克饲料中0.12～0.25毫克，注意鸭对硒的需要量与中毒量较接近，使用时一定要严格按照规定数量添加，并确实做到混合均匀，防止过量中毒。

四、维生素

（1）维生素A。需要量为每千克饲料中8 000～10 000国际单位。

（2）维生素D。需要量为每千克饲料中400~600国际单位，鸭常晒太阳一般不会缺乏。

（3）维生素E。需要量为每千克饲料中30国际单位。

（4）维生素B_1。一般每千克饲料应含1~3毫克。

（5）维生素B_2。每千克饲料中应含有3~4毫克。

（6）烟酸。每千克饲料中应含有35~60毫克。

（7）胆碱。每千克饲料中应含有800~1 000毫克。

肉鸭日粮营养需要推荐量如表3-1所示。蛋鸭每千克日粮的推荐养分含量如表3-2所示。

表3-1　肉鸭日粮营养需要推荐量

项目	育雏期 0~2周龄		生长期 3~5周龄		育肥期 6~7周龄		填鸭期 6~7周龄	
	最低	最高	最低	最高	最低	最高	最低	最高
代谢能（千卡/千克）	2 800	3 000	2 900	3 100	2 950	3 100	2 900	3 000
代谢能（兆焦/千克）	11.70	12.54	12.12	12.96	12.33	12.96	12.12	12.54
粗蛋白（%）	19.5	21.5	17.5	19.0	16.5	18.0	15.0	16.5
蛋氨酸（%）	0.50	—	0.40	—	0.30	—	0.30	—
蛋氨酸+胱氨酸（%）	0.82	—	0.70	—	0.60	—	0.60	—
赖氨酸（%）	1.10	—	0.85	—	0.65	—	0.60	—
苏氨酸（%）	0.75	—	0.60	—	0.45	—	0.55	—
色氨酸（%）	0.23	—	0.16	—	0.16	—	0.15	—
纤维素（%）	—	4.00	—	5.00	—	6.00	—	5.00
脂肪（%）	—	5.00	—	5.00	—	4.00	—	5.00
钙（%）	0.80	1.00	0.80	1.00	0.70	0.90	0.70	0.90
非植酸磷（%）	0.40	0.42	0.38	0.40	0.35	0.40	0.35	0.40
总磷（%）	0.55	0.65	0.55	0.65	0.52	0.65	0.52	0.65

资料来源：侯水生《鸭饲料营养价值评定与营养需要研究》

表3-2　蛋鸭（Tsaiya鸭）每千克日粮的推荐营养成分含量
（日粮含88%干物质）

养分	单位	生长阶段			产蛋期
		0～4周龄	4～9周龄	9～14周龄	>14周龄
代谢能	千卡/千克	2 890	2 730	2 600	2 730
粗蛋白	%	18.7	15.4	13.2	18.7
氨基酸					
精氨酸	%	1.12	0.92	0.79	1.14
组氨酸	%	0.43	0.35	0.32	0.45
异亮氨酸	%	0.66	0.54	0.57	0.80
亮氨酸	%	1.31	1.08	1.09	1.55
赖氨酸	%	1.10	0.90	0.61	1.00
蛋氨酸+胱氨酸	%	0.69	0.57	0.52	0.74
苯丙氨酸+酪氨酸	%	1.44	1.19	1.04	1.47
苏氨酸	%	0.69	0.57	0.49	0.70
色氨酸	%	0.24	0.20	0.16	0.22
缬氨酸	%	0.80	0.66	0.61	0.86
矿物质					
钙	%	0.90	0.90	0.90	3.0
总磷	%	0.66	0.66	0.66	0.72
有效磷	%	0.36	0.36	0.36	0.43
钠	%	0.16	0.15	0.15	0.28
氯	%	0.14	0.14	0.14	0.12
钾	%	0.40	0.40	0.40	0.30
镁	毫克	500	500	500	500
锰	毫克	47	47	47	60
锌	毫克	62	62	62	72

（续表）

养分	单位	生长阶段				产蛋期
		0~4周龄	4~9周龄	9~14周龄	>14周龄	>14周龄
铁	毫克	96	96	96	72	
铜	毫克	12	12	12	10	
碘	毫克	0.48	0.48	0.48	0.48	
硒	毫克	0.15	0.12	0.12	0.12	
维生素						
维生素A	国际单位	8 250	8 250	8 250	11 250	
维生素D	国际雏鸡单位	600	600	600	1 200	
维生素E	国际单位	15	15	15	37.5	
维生素K	毫克	3.0	3.0	3.0	3.0	
硫胺素	毫克	3.9	3.9	3.9	2.6	
核黄素	毫克	6.0	6.0	6.0	6.5	
泛酸	毫克	9.6	9.6	9.6	13.0	
烟酸	毫克	60	60	60	52	
吡哆醇	毫克	2.9	2.9	2.9	2.9	
维生素B_{12}	毫克	0.020	0.020	0.020	0.013	
胆碱	毫克	1 690	1 430	1 430	1 430	
生物素	毫克	0.1	0.1	0.1	0.1	
叶酸	毫克	1.3	1.3	1.3	0.65	

资料来源：Shen（1988）《鸭营养需要量手册》

第四章 雏鸭的饲养管理

　　雏鸭指0～28日龄的小鸭。刚出壳的雏鸭全身绒毛短，体温调节能力差，不耐寒，常需要人工保温。雏鸭的消化器官容积小、消化机能尚未健全，饲养雏鸭时要喂给易消化的饲料。雏鸭的生长速度快，代谢旺盛，尤其是骨骼生长很快，饲养雏鸭时应供应营养丰富而全面的饲料。雏鸭娇嫩，对外界环境的抵抗力差，易感染疾病，因此，育雏时要特别重视卫生防疫工作。

一、雏鸭的生理特点

　　雏鸭主要有3个生理特点：一是生长发育迅速。二是调节体温机能弱，难以适应外界环境。三是消化器官体积小，消化能力弱。

二、育雏前的准备

　　首先，在雏鸭进入育雏舍前2周，要检修好育雏舍。准备好加温、采食、饮水等育雏的工具和设备，并连同育雏舍一起进行彻底的清洗消毒。其次，准备足够的饲料、药品，地面饲养的还要准备足够数量的干燥清洁的垫草，如机制刨花、木屑或切短的稻草等。厚度为5～8厘米，垫料要铺匀铺平。进雏鸭前还要调试好加温设备，做好加热试温工作，一般要提前1天将育雏舍的温度升高到30℃左右。饮水器清洗干净并装好水，提前放入育雏室以便水温与室温一致。

三、育雏方式

育雏方式一般有3种情况，即地面育雏、网上育雏和立体笼育。地面育雏是在育雏舍的地面上铺上5～10厘米厚的洁净松软垫料，将雏鸭直接饲养在垫料上。雏鸭直接与粪便接触，羽毛较脏，不利于防病。且须经常更换垫料，劳动强度大。网上育雏是指在育雏舍内设置离地面30～80厘米高的金属网、塑料网或竹木栅条，将雏鸭饲养在网上，这种方式雏鸭不与地面接触，不接触粪便，有利于防病，且房舍的利用率比地面饲养增加1倍以上，提高了劳动生产率，节省大量垫料。立体笼育是指将雏鸭饲养在一定结构的多层金属笼或毛竹笼内，利于通风换气。既有网上育雏的优点，还能提高劳动生产率，缺点是投资较大。

四、雏鸭开口方法

雏鸭出壳后没有饥饿感，在出壳后24小时后雏鸭绒毛已干，活泼好动，常"嘎嘎"地叫，并开始活动、互啄，自身体表和体内的水分损失较快，容易造成缺水。在这种缺水情况下，若先喂饲料，将加重体内缺水。并且雏鸭在采食后饮水，会拼命喝水，容易造成饮水过量而死亡。因此，雏鸭须先喂水后开食。雏鸭第一次喂料称之为"开食"。雏鸭入舍后先饮水后给料，有利于促进肠道蠕动、吸收残余卵黄，排出胎粪，增进食欲。雏鸭开食的最好时间是在出壳后14～24小时。雏鸭开食过早，容易损伤消化器官，影响雏鸭健康；若雏鸭精神倦怠，眼睛半开半闭，不愿活动，此时已超过开食时间。开食过迟，营养供应不上，不利于生长发育。

雏鸭的饮用水必须清洁卫生、无污染，水温应与室温一致，符合国家畜禽饮用水标准。在饮水中加适量葡萄糖或维生素C，能促进肠胃蠕动，清理肠胃，加速吸收剩余卵黄，促进新陈代谢，有利于雏鸭体力恢复。

五、饲喂方法

雏鸭的消化机能不健全，因此，饲喂雏鸭的原则是少喂多餐、少喂勤添、随吃随给。每次不宜过多，只喂六七成饱，若一次喂得过饱，易造成消化不良。雏鸭消化道较短，肌胃容积小，而消化速度快，如果喂食次数过少，使雏鸭饥饿时间长，可能影响雏鸭的生长发育。

14日龄内的雏鸭在自由采食的情况下，采食的食糜5分钟就可达到十二指肠，2小时开始排粪，4小时排空，若喂食时间间隔超过4小时，雏鸭就处于饥饿状态。一般来说，雏鸭越小，采食量越少，喂食次数越多。在育雏初期要做到少喂料、勤添料，日喂6~8次，加喂夜餐1~2次，随日龄的增加，可延长饲喂的时间间隔。

六、饲料选择

雏鸭生长发育特别快，需要大量的营养物质。雏鸭开食后，全靠采食饲料来满足生长发育所需的各种营养成分。雏鸭饲料要求高蛋白、高能量饲料，日粮中的蛋白质含量应达到20%~22%，代谢能2 800~3 000大卡/千克，同时还要补充钙、磷和微量元素，以及各种维生素。雏鸭饲料宜用新鲜、清洁、营养全面、颗粒大小适中、适口性好、易于消化的碎粒饲料，最好是选用全价颗粒配合饲料。仅给雏鸭喂大米或小米，因营养单调，将显著抑制雏鸭的生长发育，容易生病或死亡。喂全价饲料能满足雏鸭生长发育所需的各种营养。除供给全价配合饲料外，还需及时补充天然青绿饲料。从3日龄开始，夏季可用水草，冬季用切碎的胡萝卜、白菜叶等。

七、温度选择

温度是育雏鸭的主要技术措施，肉鸭在0~3周龄阶段，体温调节机能不健全，育雏室内温度应与雏鸭对温度的要求相适应。温度适宜，雏鸭体热消耗少，生长发育快，成活率才高。1~3日龄31~33℃，4~6日龄29~30℃，7~10日龄27~28℃，11~13日龄24~26℃。温度逐渐降低，每天温度变化不超过2℃。根据季节变化，育雏温度可微调，冬季室温可提高1℃，夏季可降低1~2℃。不同的气候条件下升温或降温要以雏鸭的活动情况为准，尽量满足雏鸭对最佳温度的要求。例如，在温度过低时，雏鸭怕冷，会靠近热源扎堆取暖，易造成压伤或窒息死亡；温度过高时，雏鸭远离热源，张口喘气，烦躁不安，饮水量增加；温度正常时，雏鸭精神饱满，散开活动，分布均匀，食欲良好，饮水适度，绒毛光亮，伸腿伸腰，食后静卧无声，吃食、饮水、排泄均正常。

八、饲养密度选择

雏鸭饲养密度是指单位面积饲养的雏鸭只数，密度大小关系到雏鸭的生长发育和健康。雏鸭的饲养密度要适宜，饲养密度过大，鸭相互拥挤，会造成鸭舍潮湿、空气污浊，引起雏鸭生长不良等后果；密度过小，则浪费场地、人力等资源，降低效益。网上育雏时较合理的密度是：1周龄25~30只/平方米，2周龄15~25只/平方米，3周龄10~15只/平方米，4周龄8~10只/平方米。地面育雏密度应降低50%。冬季密度可大些，夏季密度可小些。保温和通风等条件好的鸭舍密度可大些。通常雏鸭按每群200～300只进行分群饲养，并适时进行强弱分群，将小鸭、弱鸭、病鸭挑出来单独精心管理，减少残次成鸭数量。

九、通风换气方法

雏鸭新陈代谢旺盛，雏鸭饮水溅水多、粪多，排出的二氧化碳，粪便和残料分解产生的氨气、硫化氢等有害气体浓度过高会危害雏鸭健康，严重时会造成雏鸭氨中毒而大批死亡。因此，要随时保持育雏室的空气新鲜、流通，合理进行通风换气，排除室内多余水分，保持鸭舍干燥清洁，改善鸭群生活环境，才能达到促进鸭只健康快速生长的目的。

十、疫病防控方法

（1）严禁从疫区引进鸭苗。

（2）做好消毒。注重鸭棚及环境的消毒，以及料槽、饮水器等设备的刷洗、消毒。可选择2～3种不同的消毒剂交替使用，以防止细菌产生抗药性。

（3）预防用药。重点预防雏鸭沙门氏菌、大肠杆菌、支原体病，1～7日龄用抗菌药物预防，但一定要选择使用敏感药物。

（4）疾病预防。做好预防鸭瘟、鸭病毒性肝炎、禽流感、鸭传染性浆膜炎等的免疫工作。注射疫苗时，加饮电解多维或维生素C粉拌料。免疫前后应停用抗菌药物1～2天。

第五章 育成鸭的饲养管理

育成鸭一般指5~16周龄或18周龄开产前的青年鸭，这个阶段称为育成期。

一、饲料与营养

育成鸭在培育期间，各器官系统进入旺盛发育阶段。与其他时期相比，营养水平宜低不宜高，饲料宜粗不宜精，目的是使育成鸭得到充分锻炼，使蛋鸭长好骨架，提高产蛋能力。因此，代谢能一般为11.3~11.5兆焦/千克，蛋白质为15%~18%。半圈养鸭尽量用青绿饲料代替精饲料和维生素添加剂，青绿饲料占整个饲料量的30%~50%，青绿饲料可以大量利用天然的水草，蛋白质饲料占10%~15%。

二、限饲

有意识地控制鸭的喂料量，防止过早性成熟（过早开产）。放牧鸭群由于运动量大，能量消耗也较大，且每天都要不停地找食吃，整个过程就是很好地限喂过程，只是饲料不足时，要注意限制补充（饲喂）。而圈养和半圈养鸭则要重视限制饲喂，否则会造成育成期鸭的过重过肥，出现早产、产蛋高峰期短和产蛋量下降。限制饲喂一般从8周龄开始，到16~18周龄结束。当鸭的体重符合本品种的各阶段适当体重时，可不需要限喂。限制饲喂采用的方法主要有限量、限时和限质。采用哪种方法限制饲喂，各养鸭场可根据饲养方式、管理方法、蛋鸭品种、饲养季节和环境条件等定。不管采用哪种限喂方法，限喂前必须称重，每两周抽样称重一次。将体重过小和体弱的鸭挑出单独喂或淘汰。整个限制饲喂过程由体重（称重）—分群—饲料量（营养需要）3个环节组成，最后将体重控制在一定范围。如小型蛋鸭开产前的体重只能在1.4～1.5千克，超过1.5千克则为超重，会影响其产蛋量。限制饲喂期间经常观察鸭群动态，防止各种应激因素，如发生疾病应立即停止限制饲喂。

三、分群与密度

鸭分群可以使鸭群生长发育一致，便于管理。在育成期分群的原因是育成阶段的鸭对外界环境十分敏感。尤其是在长毛血管时，饲养密度较高时，互相挤动会引起鸭群骚动，使刚生长的羽毛受伤出血，甚至互相践踏破皮出血，导致生长发育停滞，影响今后的开产和产蛋率。因而，育成期的鸭要按体重大小、强弱和公母分群饲养，一般放牧时每群为500～1 000只，而舍饲鸭主要分成200～300只为一小栏分开饲养。其饲养密度，因品种、周龄而不同。一般5～8周龄，每平方米地面养15只左右，9～12周龄，每平方米12只左右，13周龄起每平方米10只左右。冬季气温低，饲养密度可略大些；夏季气温高，饲养密度可略小些。

四、适量运动

运动可以促进骨骼和肌肉的发育，防止过肥。每天应多放鸭到运动场，每次5～8分钟，每天活动2～3次。适当增加放水次数和时间。有条件的可做短距离、短时间的放牧。采取放牧饲养，利用稻田、河沟、海涂等进行放牧饲养，每天放牧时间6~7小时，鸭群在水中应逆水放牧，以利寻觅食物。饲养员多与鸭群接触，提高鸭子胆量和抗应激能力。

五、适宜光照

光照的长短与强弱也是控制性成熟的方法之一。育成期的鸭不宜采用强光照明，光照时间宜短不宜长。有条件的鸭场，育成鸭于8周龄起，每天光照时间稳定在8~10小时，光照强度为5勒克斯，其他时间可用朦胧光照。

第六章 产蛋鸭和种鸭的饲养管理

一、产蛋鸭的特点

我国所饲养的蛋鸭品种的最大特点是失去就巢性，这为提高和增加其产蛋量提供了极有利的条件。蛋鸭的产蛋量高，而且持久。小型蛋鸭的产蛋率在90%以上的时间可持续20周左右，整个主产期的产蛋率基本稳定在80%以上，远远超过鸡的生产水平。蛋鸭的这种产蛋能力，需要大量的各种营养物质，除维持鸭体的正常生命活动外，大多用于产蛋。产蛋期必须饲喂优质的全价配合饲料，以满足产蛋鸭的营养需要。因此，进入产蛋期的母鸭代谢很旺盛，为了代谢的需要，蛋鸭表现出很强的觅食能力，尤其是放牧的鸭群。产蛋鸭的另一个特点是性情温驯，在鸭舍内，安静地休息、睡觉，不到处乱跑乱叫，喜欢离群；产蛋鸭需要安静的环境，鸭生活和产蛋的规律性很强，在正常情况下，产蛋时间总是在下凌晨的1：00—2：00。鉴于蛋鸭在产蛋期的这些特点，在饲养管理上，是蛋鸭一生中要求最高水平的饲养标准和最多的饲料量；在环境的管理上，要创造最稳定的饲养条件，才能保证蛋鸭高产稳产，且蛋品优质，种用价值最高。

二、产蛋鸭的环境要求

（一）饲养方式

产蛋鸭饲养方式包括放牧、全舍饲、半舍饲3种。半舍饲方式是我国传统的养鸭方式，最为多见，笼养发展非常迅速。半舍饲时每平方米鸭舍可饲养产蛋鸭7~8只。舍饲是目前我国种鸭的主要饲养方式，分开放式和全封闭式鸭舍两种。其中，开放式饲养以南方地区较为常见。

（二）温度

鸭对外界环境温度变化有一定的适应范围，成年鸭适宜的环境温度是5~27℃。由于禽类没有汗腺，当环境温度超过30℃时，体热散发较慢。在高温的影响下，采食量减少，正常的生理机能受到干扰，影响蛋重、蛋壳质量，蛋白稀薄，产蛋量下降，饲料利用率降低，种蛋的受精率和孵化率均会下降，严重时会引起中暑死亡。因此，夏季注意圈内通风换气，防暑降温。当环境温度过低，为了维持鸭体的体温，就要多消耗能量，降低饲料利用率，若温度继续下降，在0℃以下时，鸭的正常生活受阻，产蛋率明显下降。产蛋鸭最适宜的外界环境温度是13~20℃，此时期的饲料利用率、产蛋率都处于最佳状态。因此，冬季要做好防风保温工作，提供理想的产蛋环境温度，以获得最高的产蛋率。

（三）光照

在育成期，应严格控制光照时间，目的是防止育成鸭的性腺提早发育、早熟，即将进入产蛋期时，应有计划地逐步增加光照时间，提高光照强度，促进卵巢的发育，达到适时开产；进入产蛋高峰期后，鸭对光照变化特别敏感，要稳定光照时间和光照强度，使之达到持续高产。

光照一般可分自然光照和人工光照两种。开放式鸭舍一般使用自然光照加上人工光照（常用电灯照明），而封闭式鸭舍则采用人工光照。固定光照时间，按时开关灯，严格执行光照制度。光照时间从17~19周龄就可以逐步开始加长，直到22周龄后，达到16~17小时为止，以后维持在这个水平上。在整个产蛋期的任何阶段内，光照时间都不能缩短，更不能忽长忽短。光照时间的延长可以采用等时制增加法，即每天可增加15~20分钟。鸭产蛋期的光照强度不宜过强或过弱，一般以5勒克斯即可，日常使用的灯泡按每平方米鸭舍1.3瓦计算，当灯泡离地面2米时，一个25瓦的灯泡，就可供应18平方米鸭舍的照明。安装灯泡时，灯与灯之间的距离相等，悬挂的高度应相同。

三、产蛋期的管理要点

根据绍鸭、金定鸭和康贝尔鸭产蛋性能的测定，150日龄时产蛋率可达50%，至200日龄时可达90%以上，在正常饲养管理条件下，高产鸭群高峰期可维持到450日龄左右，以后逐渐下降。因此，蛋鸭的产蛋期可分为以下4个阶段。

150~200日龄——产蛋初期；201~300日龄——产蛋前期；301~400日龄——产蛋中期；401~500日龄——产蛋后期。

（一）产蛋初期和前期的饲养管理

当母鸭适龄开产后，蛋产量逐日增加。日粮营养水平，特别是粗蛋白要随产蛋率的递增而调整，并注意能量蛋白比的适度，促使鸭群尽快达到产蛋高峰，达到高峰期后要稳定饲料种类和营养水平，使鸭群的产蛋高峰期尽可能保持长久些。可不断提高饲料营养，适当增加饲喂次数，以满足产蛋的营养需要。此期内白天喂3次料，晚上9：00—10：00给料1次。采用任食制，每只蛋鸭每日约耗料150克左右。此期内光照时间逐渐增加，达到产蛋高峰期自然光照和人工光照时间应不少于14小时。在201～300日龄期内，每月应空腹抽测母鸭的体重，如超过或低于此时期的标准体重5%以上，应检查原因，并调整日粮的营养水平。

（二）产蛋中期的饲养管理

此期内的鸭群因已进入高峰期产量并持续产蛋100多天，鸭体力消耗较大，健康状况已不如产蛋初期和前期，对营养和环境比较敏感。如不精心饲养管理，难以保持高峰产蛋率，甚至引起换羽停产，这是蛋鸭最难养好的阶段。此期内的营养水平要在日粮结构稳定的基础上适当提高日粮中粗蛋白的含量应达20%，并注意钙量的添加。每只鸭每天采食量不低于150克。日粮中含钙量过高会影响适口性，可在粉料中添加1%～2%的颗粒状壳粉，或在舍内单独放置碎壳片槽，供其自由采食，并适量喂给青绿饲料或添加复合维生素。光照总时间稳定保持16～17小时。在日常管理中要注意观察蛋壳质量有无明显变化，产蛋时间是否集中，精神状态是否良好，洗浴后羽毛是否沾湿等，以便及时采取有效措施。

（三）产蛋后期的饲养管理

蛋鸭群经长期持续产蛋之后，产蛋率将会不断下降。此期内饲养管理的主要目标，是尽量减缓鸭群的产蛋率下降幅度，不要过大。如果饲养管理得当，此期内鸭群的平均产蛋率仍可保持75%～80%，此期内应按鸭群的体重和产蛋率的变化调整日粮营养水平和给料量。在产蛋后期，鸭体内储存脂肪的能力显著增强，适当降低日粮能量水平能减少体内脂肪沉积，或适量增加青绿饲料，或控制采食量，以利于产蛋。如果鸭群产蛋率仍维持在80%左右，而体重有所下降，则应增加一些动物性蛋白质的含量。观察蛋壳质量和蛋重的变化，如出现蛋壳质量下降、蛋重减轻。可在配合饲料中添加多种维生素，提高日粮钙含量。如果产蛋率已下降到60%左右，已难以使其上升，无需加料，应予及早淘汰。

四、种鸭的饲养管理

我国蛋鸭产区习惯从秋鸭（8月下旬至9月孵出的雏鸭）中选留种鸭。秋鸭留种正好满足翌年春孵旺季对种蛋的需要。同时在产蛋盛期的气温和日照等环境条件最有利于高产稳产。由于市场需求和生产方式的改变，常年留种常年饲养的方式越来越多地被采用。种鸭饲养管理的主要目标是获得尽可能多的合格种蛋，能孵化出品质优良的雏鸭。

（一）严格选择养好公鸭

留种公鸭须按种公鸭的标准经过育雏期、育成期和性成熟初期3个阶段的选择，以保证用于配种的公鸭生长发育良好，体格强壮，性器官发育健全，精液品质优良。在育成期公母鸭最好分群饲养，公鸭采用放牧为主的饲养方式，让其多活动，多锻炼。若公鸭配种年龄过早，会影响公鸭的生长发育。在配种前20天放入母鸭群中。为了提高种蛋的受精率，种公鸭应早于母鸭1~2个月孵出。种公鸭一般利用1年后淘汰。

（二）适合的公母性比

配种比例因品种不同差异较大。蛋用型鸭，1∶（10~25）；大型肉用型鸭，1∶（5~6）；兼用型鸭，1∶（8~15）。我国麻鸭类型的蛋鸭品种，体型小而灵活，性欲旺盛，配种性能极佳。早春和冬季气候寒冷，鸭群都不活跃，要增加公鸭，公母比例可调整为1∶20，夏、秋季公母比例可提高到1∶30，这样受精率可达90%或以上。在配种季节，应随时观察公鸭配种表现，发现伤残的公鸭应及时调出补充。

（三）日常管理

在管理上要特别注意舍内垫草的干燥和清洁，及时翻晒和更换；每日早晨及时收集种蛋，尽快进行烟熏消毒和存入蛋库（室）；气候良好的天气，应尽量早放鸭出舍，迟收鸭；保持鸭舍环境的安静，勿使惊群、骚乱；气温低的季节注意舍内避风保温，气温高的季节，特别是我国南方梅雨季节要注意通风降温。

五、强制换羽

强制换羽可以调控产蛋季节，缩短休产期，提高种蛋品质，促使鸭群提前产蛋，集中产蛋。

（一）时期的选择

水禽自然换羽在秋季发生，强制换羽时期的选择主要以市场对鸭的需求来决定。每年的2—8月是全年孵化的旺季，又是种鸭的产蛋盛期，因此，一般不采取强制换羽，以免影响种蛋的供应。秋末冬初这段时间家禽自然换羽速度慢，停产期达3～4个月，如此时种鸭群采取强制换羽，可使换羽休产期缩短在2个月以内，可为翌年春季孵化提供优质种蛋，由于羽的长成，提高了种鸭越冬的抗寒能力，降低饲养成本。

（二）强制换羽方法

可采取畜牧学方法和药物控制的方法。蛋鸭生产常用停料（停料2～3天，粗料7天），控光（舍内关养、遮光），拔羽（主、副翼羽、尾羽）等措施进行强制换羽。

（三）恢复期的饲养管理

在换羽过程中，尽量降低鸭的应激反应，防止死亡增加。拔羽后5天内避免烈日暴晒，保护毛囊组织，以利新羽的长出。提供丰富营养，逐步提高日粮营养水平，增加给饲量，使鸭群尽快恢复产蛋；多放牧游水，增加运动不使过肥。强制换羽期中公母鸭分开饲养，同时拔羽。这样可使公母鸭换羽期同步，以免造成未拔羽的公鸭损伤拔羽的母鸭，或拔羽母鸭到恢复产蛋时，公鸭又处于自然换羽期，不愿与母鸭交配，影响种蛋受精率。

第七章 鸭繁殖与孵化

一、种蛋保存

保存3~4天的种蛋比新鲜种蛋的孵化率高，但是保存7天以上孵化率明显下降。种蛋保存的理想温度为13~16℃。但保存时间不同也有差异，保存在7天以内，控制在15℃较适宜；7天以上以11℃为宜。

二、种蛋包装运输

种蛋常常需要长途运输，运输过程中首先要妥善包装好，包装时可用塑料箱、木箱、竹箱、条箱等，但必须牢固和透气，最好用规格统一的种蛋箱，每层有蛋托相隔。如果用普通箱运输，箱内种蛋应用锯末、稻糠、麦秆等物填充隔离好，以防震动破坏；填充物应干燥、不发霉，无异味；蛋箱的周围、底箱的周围、底部及顶部应多填些。蛋的大头向上，小头向下，蛋与蛋之间不宜靠得太紧，以防震动破坏。夏季运输要注意遮阴和防雨；冬季运输要注意保温和防冻。

三、种蛋消毒方法

种蛋消毒可避免病原体进入蛋内或进入孵化场。种蛋消毒方法有两种：一种是利用福尔马林熏蒸为种蛋消毒。用一个密封良好的消毒柜每立方米的空间用30毫升40%的甲醛溶液、15克高锰酸钾，熏蒸20~30分钟，熏蒸时关闭门窗，室内温度保持在25~27℃，相对湿度为75%~80%。熏蒸后迅速打开门窗、通风孔，将气体排出。另一种是利用新洁尔灭喷雾给种蛋消毒。将种蛋排列在蛋架上，用喷雾器将1‰的新洁尔灭溶液喷雾在蛋的表面。注意在使用新洁尔灭溶液消毒时，切忌与肥皂、碘、高锰酸钾和碱并用，以免药液失效。

种蛋新洁尔灭消毒液配制：取浓度为5%的原液一份，加50倍水，混合均匀即可配制成1‰的溶液。

四、种蛋质量要求

一是种蛋的来源，首先应注意种鸭的品质，选择遗传性能稳定、生产性能优良、繁殖力较高、健康状况良好的鸭群的种蛋。二是保证种蛋的新鲜，种蛋的贮存时间越短越好，以贮存7天为宜，3~5天为最好的保存期，两周以内的种蛋可保持一定孵化率，若超过两周则孵化期推迟，孵化率降低，雏鸭弱雏较多。种蛋的新鲜程度除与保存时间有关外，还与保存的温度、湿度、方法等有关。三是形状大小，蛋形应要求正常，呈卵圆形，过长过圆、两头尖等均不宜作种蛋使用，蛋重应符合品种要求，过大过小都不好，大型肉鸭蛋重一般以85~95克为宜。四是蛋壳的结构，致密均匀，表面正常，厚薄适度。蛋壳厚度一般为0.035~0.04毫米。五是蛋壳表面不应有粪便、泥土等污物。否则，污物中的病原微生物侵入蛋内，引起种蛋变质腐败，或由于污物堵塞气孔，妨碍蛋的气体交换，影响孵化率。同时在孵化过程中污染机器，如果有少许种蛋受到轻度污染，在入孵前先进行必要的清洗和消毒处理后方可入孵。

　　种蛋的选择有两种方法可供参考：一是感官法，通过看、摸、听、嗅等感官来鉴别种蛋的质量，可作粗略判别，其鉴别速度较快。二是透视法，利用太阳光或照蛋器，通过光线检查蛋壳、气室、蛋黄、蛋白、血斑、肉斑等情况，如发现蛋白变稀、气室较大、系带松弛、蛋黄膜破裂、蛋壳有裂纹等，均不能作种蛋使用。

五、种蛋孵化条件

（一）温度

　　只有在适宜的孵化温度下才能保证鸭蛋中各种酶的活动，从而保证胚胎正常的物质代谢和生长发育。鸭胚胎适宜的温度范围为37～38℃，温度过高过低都会影响胚胎的正常发育。温度偏高时，胚胎发育会加快，孵化期会缩短，将导致较多的弱雏；超过42℃高温2～3小时就会造成胚胎的死亡。相反，温度偏低时，胚胎发育迟缓，孵化期延长，雏鸭质量较差。所以在孵化时，要根据孵化场的具体情况和季节、品种以及孵化机的性能，制定出合理的孵化方案。若采取变温孵化方案，一般在入孵后第1～7天孵化机空间温度为38.5℃，第8～25天为38℃，第26～28天为37.5℃。如果把孵化机传感器放在蛋盘里的种蛋上采取恒温孵化方案，则从始至终保持蛋温37.8～38℃即可。但是在出雏期，种蛋落盘，孵化温度应保持37.0～37.5℃。

（二）湿度

　　湿度是鸭胚孵化的重要条件之一。在鸭蛋孵化过程中，蛋内水分不断向外蒸发。水分蒸发过快过慢都会影响胚胎发育，降低孵化率和雏鸭质量，所以对孵化湿度要进行控制。控制湿度变化总的原则是"两头高，中间低"。孵化初期，胚胎产生羊水和尿囊液，并从空气中吸收了一些水蒸气，相对湿度控制在70%左右；孵化中期，胚胎要排出羊水和尿囊液，相对湿度控制在60%为宜；孵化后期，为了能有适当的水分与空气中的二氧化碳作用产生碳酸，使蛋壳中的碳酸钙转变为碳酸氢钙而变脆，有利于胚胎破壳而出，并可防止雏鸭绒毛粘壳，相对湿度控制在75%为宜。在鸭蛋孵化后期如果湿度不够，可直接在蛋壳表面喷洒温水，以增加湿度。

（三）通风

通风可供应充足氧气，排出浊气，也有利于均衡孵化箱内温度和湿度。胚胎对氧气的需要量与胚龄的增加成正比。孵化初期胚胎通过卵黄囊血液循环系统利用蛋黄中的氧气，孵化中期胚胎的代谢作用逐渐加强，氧气需要量逐渐增加。尿囊形成后，通过气室气孔利用空气中的氧气，排出二氧化碳。孵化后期胚胎的呼吸转为肺呼吸，每昼夜氧气需要量为孵化初期的110倍以上。通风、温度和湿度之间有着密切的关系，如果机内空气流通量大，通风良好，散热快，湿度则较小；反之湿度就大，余热增加。通风量过大，机内温度、湿度难以保持。因此，这三者之间应互相协调，在控制好温度、湿度的前提下，调整好通风量。

（四）照蛋

第1次照蛋在孵化第7天进行，把无精蛋、死胚蛋和臭蛋捡出。受精蛋胚胎发育正常，血管呈放射状分布，颜色鲜艳发红；死胚蛋颜色较浅，内有不规则的血环、血弧，无放射状血管；无精蛋发亮无血管网，只能看到蛋黄的影子。第2次照蛋在入孵后第14天进行，以剔除死胚蛋，活的正常胚蛋移入出雏盘和出雏器。活胚蛋呈黑红色、气室倾斜、边界弯曲、周围有粗大的血管；死胚蛋气室周围看不到暗红色的血管，边缘模糊，有的蛋颜色较浅，小头发亮。在孵化过程不定期地抽检胚蛋，以便掌握胚胎发育情况，并据此采取相应措施。第3次照蛋在入孵后第24天进行，活胚蛋气室增大，边界明显，胚胎占蛋全部空间，漆黑一团，偶可见胚胎闪动，血管粗大。死胚蛋气室增大，边界不明显，蛋内发暗，血管黑色，无蛋温。

（五）翻蛋

翻蛋是人工孵化获得高孵化率的必要条件之一。翻蛋的目的在于改变胚胎方位，防止胚胎与壳膜黏连，促进胚胎翻动，使胚胎受热均匀，发育整齐、良好，帮助羊膜运动，改善羊膜血液循环，使胚胎发育前中后期血管区及绒毛尿囊膜生长发育正常，"合拢""封门"良好，蛋白顺利进入羊水供胚胎吸收，初生重合格。翻蛋还可以减缓羊水的损失，使胚胎在湿润的环境下顺利啄壳、出壳。一般翻蛋时，蛋以水平位置前俯后仰或左翻右翻，鸭蛋的翻蛋角度应是50°～55°，翻蛋频率一般固定在2小时一次。在入孵后第1～26天，每隔2～3小时要翻蛋一次，每日翻蛋8～12次，翻转角度为90°，以使胚胎各部分受热均匀，防止胚胎粘壳。如果孵化机内各处温差±0.5℃，则每日要调盘一次，即上下蛋盘对调，蛋盘四周与中央的蛋对调，以弥补温差的影响。

（六）凉蛋

对鸭的孵化过程而言，凉蛋显得更加重要。随着胚龄的增加，胚胎增大，脂肪代谢能力加强，胚胎产生的体热较多，需要散发的体热随之增多，如果余热不能及时散发出去，温度就会过高，影响胚胎的正常生长发育，甚至出现"烧死"胚蛋，这点对大型肉鸭种蛋的孵化显得更为重要。凉蛋的步骤是第7～15天，凉蛋3～5次/天；第15～20天，5～7次/天；第20～27天，10次/天，每次15～20分钟，也可每天早晚各凉蛋1次，使温度降至32～34℃，经1小时左右恢复到正常温度。

（七）孵化期管理要点

（1）种蛋宜水平放置。垂直放置会影响胚胎发育，此时尿囊生长缓慢，不能在尖端合拢或即使合拢也不能将全部蛋白质包住，胚胎发育不能充分利用蛋白，胚胎的死亡率就特别高。入孵的第7天、14天、24天分别照蛋1次。用灯光或阳光透视，挑出无精蛋、死胚蛋。还可从蛋温、蛋色区别死胚蛋。手摸蛋感到凉或蛋的尖端发黑的是死胚蛋，可随手拿出。

（2）喷水。孵化场的做法是：从鸭蛋入孵第7天开始喷水，每天喷2~6次；第24~25天每2小时喷1次；到第26~27天，每小时喷1次。在第7~22天喷水呈雾状细滴，在第23~27天呈淋滴状，使水滴均匀地喷在蛋面上。蛋温高时，不能马上喷水。

（3）出壳。一般孵化到第26天开始破壳，到第28天出齐。这时要每隔2~3小时将毛干的雏鸭及蛋壳取出来。

（4）应急措施。在孵化过程中如遇到短期停电，必须增加转蛋次数，要0.5~1小时转蛋1次，避免孵化机上部温度过高而影响胚蛋发育。保证上下部温度均匀，并要敞开排气孔。

（八）初生雏鸭的运输

雏鸭如由外地或远道购进时，要做好接雏的准备工作。初生雏最好能在出壳后12小时运到育雏舍，最迟也不应超过24小时，因为初出壳雏鸭在24小时内可以不饮水、不开食，且比较安静，容易装运。雏鸭最好用特制的雏鸭纸箱装运，如用竹箩、鸭仔格等竹制品装运，底下要垫好细软的垫料如稻草，天冷时要用棉被或毯子盖好。初生雏鸭绒毛干后应立即进行选择，然后即可装箱，装箱时如天热应少装些，天冷时可多装些。

第八章 鸭病毒性疾病

一、鸭流感

（一）病原

鸭流感是由A型流感病毒感染引起的传染性疾病，其病毒是正黏病毒科的成员，属于流感病毒属。鸭流感病毒可感染各品种和日龄的鸭。番鸭对禽流感病毒最为易感，发病率和死亡率都很高，其次是家养雏鸭、蛋雏鸭和肉鸭；蛋鸭主要表现为大幅度减蛋和少量死亡。目前水禽中以H5亚型禽流感最为常见，但也有H7亚型禽流感发生的案例。H5亚型禽流感临床表现为高发病率和高死亡率，部分有神经症状。由于禽流感病毒自身变异速度快，其血凝素蛋白的抗原性通常一个季度一小变，一年一大变。这就造成了疫苗更换速度不能及时匹配流行毒株变异速度，给了新的变异毒株流行的时间和空间。

（二）临床症状

潜伏期变化很大，短的几小时，长的可达数天。有些雏鸭感染后，无明显症状，很快死亡，但多数病鸭会出现呼吸道症状。2～6周龄的小鸭，发病率可高达100%，死亡率也可达80%以上。病鸭精神不振，打喷嚏，鼻腔内有浆液性或黏液性分泌液，鼻孔经常堵塞，呼吸困难，常有摇头症状。病鸭也会出现下痢，排淡绿色或者黄绿色稀便。剖检可见心肌纤维坏死、胰脏出血或透明坏死，肺脏水肿甚至其表面可见果冻样渗出物。慢性病例，羽毛松乱，消瘦，生长发育缓慢。

（三）防控措施

积极做好综合防控措施，注意防止病原传入鸭群。用与流行毒株抗原相匹配的禽流感油乳剂灭活苗在5～7日龄进行免疫接种，有良好的保护作用。暴发该病时，应立即上报疫情，封锁疫点疫区，并将病鸭做无害化处理。由于水禽自身对灭活疫苗的免疫反应较弱，因此临床上需要2～3次免疫才能获得较好的免疫保护效果。

二、坦布苏病毒病（黄病毒病）

（一）病原

2010年春季在我国发生了一种以产蛋鸭卵巢出血为典型特点的疾病，该病传播迅速，起初曾被怀疑是禽流感，然而经过病原分离证实病毒并无血凝活性，因此被命名为"出血性卵巢炎"。后来我国李泽君、苏敬良等学者经过系统研究，发现该病毒与蚊媒病毒Ntaya病毒群Tembusu病毒同源性超过85%，根据黄病毒科成员分类规则，确定了该病的病原为坦布苏病毒（Tembusu virus），由此得名"鸭坦布苏病毒病"。由于坦布苏病毒属于黄病毒属成员，因此也有俗称"鸭黄病毒病"，但这一称谓缺乏科学性。并且随后的许多研究表明，该病毒具有感染多种禽类和哺乳动物的能力，故而更名"坦布苏病毒病"。

（二）临床症状

坦布苏病毒病起初以蛋鸭和种鸭采食量迅速下降，产蛋率急剧下降、拉绿色稀便为主要临床特征，病程可长达数周。鸭一般于感染后第2天开始食欲不振；感染后第3~4天，产蛋率可从感染前90%以上下降至10%，甚至绝产，同时伴随绿色稀便的出现。该病发生后1个月左右，产蛋鸭可耐过。耐过鸭的产蛋率部分可恢复至90%左右，然而有些鸭群的产蛋率则无法恢复至正常水平。该病可导致少数鸭出现神经症状，可表现为双脚麻痹，头摇晃。该病死亡率通常不高，一般低于5%。若发病过程中继发细菌病，则死亡率高低不等，但通常不超过30%。

由于我国水禽养殖场广泛分布，在蛋鸭养殖场周边的种鹅场也被波及，其临床表现与蛋鸭和种鸭颇为相似。不久，在肉鸭、肉鹅、鸡以及麻雀等家禽和野禽群中陆续发现了该病的存在。肉鸭通常发病日龄为15~35日龄，以拉绿色稀便，双脚麻痹，翻倒为特征，病鸭常因无法采食而死亡。耐过的鸭常表现出生长发育不良，淘汰率显著升高，可达20%~50%。肉鹅通常发病日龄为40~60日龄，表现为拉绿色稀便，双脚和翅麻痹，死淘率可达10%左右。尽管有报道称蛋鸡可发生该病，但攻毒试验表明，鸡对坦布苏病毒抵抗力强，该病毒只在少数鸡体内能够复制，目前临床也未发现该病流行。刁有祥在研究该病期间发现养鸭场内的麻雀出现死亡，并从中分离到了坦布苏病毒，说明该病传播能力强，可跨种属传播。此外，有学者利用该病毒感染小鼠，结果发现该病毒可导致小鼠出现神经症状并发生死亡。上述研究证实，该病毒的宿主范围广泛。

（三）防控措施

该病的预防应加强生物安全措施，定期消毒，并减少鸭场中的蚊虫，注重对饲养用具、设备、运输车辆、种蛋的消毒及病死鸭的处理。此外，可以利用酸性或含去氧胆酸盐的消毒剂进行消毒。

目前商品化的疫苗包括齐鲁动保生产的WF100株弱毒疫

苗、青岛易邦和吉林正业公司生产的FX-180P株和金宇优邦、乾元浩、天津瑞普生产的灭活疫苗（HB株）。许多黄病毒的灭活疫苗需要多次免疫才能起到令人满意的保护效果。减毒活疫苗的效果优于灭活疫苗，一次免疫可产生良好免疫保护。但如果毒株致弱不够充分，可能会对产蛋有轻微影响。

该病目前尚无有效特异性治疗药物。发病早期可采用弱毒疫苗紧急接种，或者也可采用抗体或高免血清进行紧急预防或治疗，可减少死亡。同时对发病鸭群使用抗病毒中药如清瘟败毒散、双黄连等，提高鸭群抵抗力。经过上述方法治疗可获得较满意的效果。

三、新型番鸭呼肠孤病毒病

（一）病原

该病主要有新型番鸭呼肠孤病毒引起，表现为软脚、肝脾等脏器出现灰白色坏死点，肾脏肿大、出血、表面有黄白色条斑，是一种高发病率、高致死率和急性烈性的病毒性传染病。除麻鸭易感性略差以外，其他品种鸭均可发病。

（二）临床症状

发病鸭表现精神沉郁，食欲减少或废绝，不愿走动，拥挤扎堆，腹泻，拉黄白色或绿色带有黏液的稀粪，肛门周围有大量稀粪粘着，泄殖腔扩张、外翻，部分鸭趾关节或跗关节肿胀，脚软，羽毛易湿。新型番鸭呼肠孤病毒通常感染番鸭、半番鸭，造成肝脏和脾脏片状出血。然而近年来，该病在樱桃谷鸭也时有发生。尤其是1月龄以下雏鸭，可见明显脾脏出现出血、黄色坏死，俗称"脾坏死"。该病死亡率不高，但容易导致生长发育受阻，继发其他疾病。

（三）防控措施

目前该病没有商品化疫苗，以抗体防控为主。该病尚无有效特异性治疗药物，发病早期可采用抗体或高免血清进行紧急预防或治疗，可减少死亡。同时对发病鸭群使用抗病毒中药如清瘟败毒散、双黄连等，提高鸭群抵抗力。经过上述方法治疗可获得较满意的效果。

四、鸭肝炎（鸭甲肝病毒病）

（一）病原

鸭甲肝病毒病是由鸭肝炎病毒引起雏鸭的一种传播迅速和高度致死性传染病。主要特征为肝脏肿大，有出血斑点和神经症状。该病的死亡率很高，可达90%以上。该病主要发生于1月龄以内雏鸭，成年鸭有抵抗力，鸡和鹅不能自然感染。鸭肝炎病毒有3个血清型，目前流行的主要有鸭肝炎病毒血清1型和3型，其中3型居多。

（二）临床症状

该病潜伏期1～4天，突然发病，病程短促。病初精神萎靡，不食，行动呆滞，缩颈，翅下垂，眼半闭呈昏迷状态，有的出现腹泻。不久，病鸭出现神经症状，不安，运动失调，身体倒向一侧，两脚发生痉挛，数小时后死亡。死前头向后弯，呈角弓反张姿势。该病的死亡率因年龄而有差异，1周龄以内的雏鸭可高达95%，1～3周龄的雏鸭不到50%；4～5周龄的幼鸭死亡率较低。剖检可见特征性病变在肝脏。肝脏肿大，呈黄红色或花斑状，表面有出血点和出血斑，胆囊肿大，充满胆汁。脾脏有时肿大，外观也有类似肝脏的花斑。多数肾脏充血、肿胀。

（三）防控措施

该病尚无治疗药物，重在预防。对雏鸭采取严格的隔离饲养、孵化、育雏、育成、育肥均应严格划分，饲管用具要定期清洗、消毒。流行初期或孵房被污染后出壳的雏鸭，立即注射高免血清（或卵黄）或康复鸭的血清，每只0.3～0.5毫升，可以预防感染或减少发病。在收集种蛋前2～4周给种鸭肌内注射弱毒疫苗，可以保护孵化的雏鸭不受感染。雏鸭也可用肌注、足蹼皮内刺种或气溶胶喷雾等方法接种，均能有效地预防该病。

注意从健康鸭群引进种苗，严格执行消毒制度；做好免疫防控，用鸭病毒性肝炎Ⅰ型弱毒疫苗进行免疫接种。成鸭于产蛋前半个月，肌注1～2羽份/只，产蛋中期，肌注2～4羽份/只。雏鸭出壳后1日龄或7日龄皮下注射1羽份/只。在疫区对雏鸭也可于1～2日龄皮下注射高免卵黄抗体（血清1型和3型）进行被动免疫预防。一旦暴发该病，立即隔离病鸭，并对鸭舍或水域进行彻底消毒。对发病雏鸭群用标准高免卵黄抗体注射治疗，1～1.5羽份/只，同时注意控制继发感染。

五、鹅细小病毒病

（一）病原

经典的鹅细小病毒能够引起番鸭肠道出血、粪便结成条索状，严重的出现腊肠样栓子。该病发病率和死亡率可达50%以上。欧洲型鹅细小病毒能够引起鸭"大舌病"（长舌短喙），以脚软、骨脆、嘴短、舌长为主要症状，又名肉鸭短喙和侏儒综合征。该病毒能在胚胎中繁殖，对蛋白酶、酸和热等灭活因子有很强的抵抗力。病鸭通过排泄物，特别是粪便排出大量病毒而形成水平传播和垂直传播。鹅细小病毒病是目前番鸭饲养业中危害最严重的传染病之一。

（二）临床症状

该病主要侵害消化系统，破坏肠黏膜形成腊肠样栓子。同时还能阻止营养的正常吸收，引起体内钙、锰和维生素等营养元素缺乏，进而影响骨组织发育，出现肉鸭嘴短舌长，站立不稳，不长个，腿和翅膀的长骨易断等症状。该病发病早，经典性的小鹅瘟病毒在无母源抗体保护的3日龄雏鸭即可见肠道粪便结团等临床症状。欧洲型细小病毒导致的"大舌病"则常见于10～30日龄。在40～50日龄则容易出现断毛、骨易折断等临床症状，特别是在屠宰过程中腿骨、翅骨折断，会出现残次品。

（三）防控措施

该病早期可于2～3日龄免疫鹅细小病毒活疫苗2～3羽份。在发生该病后采用皮下注射高免卵黄抗体进行被动免疫治疗，同时加双黄连等抗病毒中药可获得较好效果。

六、番鸭细小病毒病

（一）病原

番鸭细小病毒病是由番鸭细小病毒引起3周龄内雏番鸭以喘气、腹泻及胰脏坏死和出血为主要特征的传染病（俗称番鸭三周病）。近年来出现的番鸭细小病毒和鹅细小病毒的重组毒株，从分析结果看，这类病毒抗原性更接近番鸭细小病毒。

（二）临床症状

该病发生无明显季节性，雏番鸭是唯一自然感染发病的动物，发病率和死亡率与日龄关系密切，日龄越小发病率和死亡率越高。该病最早于3日龄开始发病，其症状是病鸭表现沉郁，废食，喘气，下痢，脱水，消瘦，衰竭，迅速死亡。病程1～2天，发病率和死亡率可达30%～40%。耐过鸭成为僵鸭，发生骨钙沉着不良，长骨脆弱易折，羽毛易折断或脱落等后遗症。其病理变化是发生纤维素性假膜性肠炎，胰脏苍白、充血、出血及点状坏死。

（三）防控措施

加强育雏期的饲养管理与清洁消毒，注意保温，保持棚舍干爽清洁及合理进行免疫接种是控制该病的有效方法。目前，可供使用的疫苗及其应用方法为：雏番鸭细小病毒病—小鹅瘟二联弱毒疫苗，主要用于雏番鸭，经皮下注射1~2羽份/只。另外，对雏番鸭还可使用雏番鸭细小病毒病—小鹅瘟高免卵黄抗体。

七、鸭瘟

（一）病原

鸭瘟又名鸭病毒性肠炎病。主要发生于鸭，对不同年龄、性别和品种的鸭都有易感性。以番鸭、麻鸭易感性较高。

（二）临床症状

自然感染的潜伏期3~5天，人工感染的潜伏期为2~4天。病初体温升高达43℃以上，高热稽留。病鸭表现精神委顿，头颈缩起，羽毛松乱，翅膀下垂，两脚麻痹无力，伏坐地上不愿移动，强行驱赶时常以双翅扑地行走，走几步即行倒地，病鸭不愿下水，驱赶入水后也很快挣扎回岸。病鸭食欲明显下降，甚至停食，渴欲增加。病鸭的特征性症状：流泪和眼睑水肿。病初流出浆液性分泌物，使眼睑周围羽毛沾湿，而后变成黏稠或脓样，常造成眼睑黏连、水肿，甚至外翻，眼结膜充血或小点出血，甚至形成小溃疡。病鸭鼻中流出稀薄或黏稠的分泌物，呼吸困难，并发生鼻塞音，叫声嘶哑，部分鸭见有咳嗽。病鸭发生泻痢，排出绿色或灰白色稀粪，肛门周围的羽毛被沾污或结块。肛门肿胀，严重者外翻，翻开肛门可见泄殖腔充血、水肿、有出血点，严重病鸭的黏膜表面覆盖一层假膜，不易剥离。部分病鸭在疾病明显时期，可见头和颈部发生不同程度的肿胀，触之有波动感，俗称"大头瘟"。

（三）防控措施

该病可用抗鸭瘟高免血清，进行早期治疗，每只鸭肌内注射0.5毫升，有一定疗效；还可用聚肌胞（一种内源性干扰素）进行早期治疗，每只成鸭肌内注射1毫升，3日1次，连用2～3次，也可收到一定疗效，但抗生素对鸭瘟无效果，因此更重要的是要采取综合防控措施。预防鸭瘟应避免从疫区引进鸭，还要禁止在鸭瘟流行区域和野水禽出没区域放牧。平时对禽场和工具进行定期消毒（被病毒污染的饲料要高温消毒，饮用水可用碘氯类消毒药消毒。工作人员的衣、帽等及饲养所用工具也要严格消毒）。在受威胁区内，所有鸭应注射鸭瘟弱毒疫苗。产蛋鸭宜安排在停产期或开产前一个月注射。肉鸭一般在20日龄以上注射一次即可。发生鸭瘟时应立即采取隔离和消毒措施，对鸭群用疫苗进行紧急预防接种，必要时剂量加倍，可降低发病率和死亡率。

八、白肝病

（一）病原

2014年左右，在广东番鸭养殖集中区域暴发以肝脏苍白为特征的病例，该病临床死亡率高，俗称"白肝病"。后经研究证实该病为鸭腺病毒3型。

（二）临床症状

该病通常危害1月龄以下番鸭，发病率和死亡率呈现一定的日龄相关性，但并不明显。目前，几乎在所有番鸭养殖区域都有发现该病的流行，死亡率高低不等，严重者可达50%以上。该病潜伏期通常为3～4天，发病后主要表现为易湿毛、缩头，拉黄白色稀粪；耐过鸭发育迟缓。剖检可见肝脏肿大，苍白；脾脏淤血；部分可见肝脏、肾脏出血。

（三）防控措施

目前该病没有有效药物和疫苗预防。可使用卵黄抗体进行早期治疗，每只鸭肌内注射0.5毫升，有较好疗效。同时可添加双黄连等药物进行辅助治疗。

第九章 鸭常见细菌病

一、鸭大肠杆菌病

（一）病原

鸭大肠杆菌病是由埃希氏大肠杆菌引起的多种病的总称，包括大肠杆菌性肉芽肿、腹膜炎、输卵管炎、脐炎、滑膜炎、气囊炎、眼炎、卵黄性腹膜炎等疾病，对养禽业危害严重。

（二）临床症状

该病各种年龄的鸭均可感染，其中以2～6周龄最为多发。在商品肉鸭中死亡率达50%，且常与鸭传染性浆膜炎同时存在于鸭群中。初生雏鸭可因蛋的污染引起该病。初生雏鸭主要表现为脐炎（大肚脐），雏鸭精神不振、行动迟缓、拉稀、泄殖腔周围粪便沾染等。育雏或育成阶段大肠杆菌性败血症的表现与传染性浆膜炎基本相似，表现为心包炎、气囊炎、肝周炎、腹膜炎、肠炎感染症状，可见有呼吸困难和腹泻等症状。

（1）胚胎与幼雏早期死亡。用感染的种蛋进行孵化，使鸭胚在孵化后期出壳之前引起死亡，若感染鸭胚不死，则多数出壳后表现大肚与脐炎，俗称"大肚脐"，病雏精神沉郁，少食或不食，腹部大，脐孔及其周围皮肤发红、水肿，多在1周内死亡或淘汰。有的表现下痢，排出泥土样粪便，1～2天内死亡。

（2）气囊炎。一般表现有明显的呼吸啰音，咳嗽、呼吸困难并发异常音，食欲明显减少，病鸭逐渐消瘦，死亡率可达20%～30%。有些病鸭若心包炎严重，则常突然死亡。

（3）急性败血症。鸭大肠杆菌败血症主要发生于2～6周龄雏鸭，病鸭精神委顿，食欲减退，偶立一旁，缩颈嗜眠，两眼和鼻孔处常附黏性分泌物，有的病鸭排出灰绿色稀便，呼吸困难，常因败血症或体质衰竭，脱水死亡。

（4）纤维素性心包炎。该病的特征性病理变化，心包膜肥厚、混浊，纤维素和干酪状渗出物混合在一起附着在心包膜表面，有时和心肌黏连；常伴有肝包膜炎，肝脏肿大，包膜肥厚、混浊、纤维素沉着，有时可见肝脏有大小不等的坏死斑。脾脏充血肿胀，可见到小坏死点，小雏则有肺炎的变化。

（5）输卵管炎。输卵管炎多发生于产蛋期家禽，病禽输卵管膨大，管壁变薄，管内有条索状干酪样物，常于感染后数月内死亡，幸存者大多不再产蛋。

（6）滑膜炎。滑膜炎通常引起局部关节的肿胀，呈波动性，易发病的关节多为胫跗和趾部关节，病禽表现跛行，逐渐消瘦。

（7）肠炎。肠炎是禽大肠杆菌病的常见病型，肠黏膜充血、出血，肠内容物稀薄并含有黏液血性物，有的脚麻痹，有的病鸭后期眼睛失明。

（三）防控措施

因大肠杆菌属于条件性致病菌，应加强饲养管理，做好鸭舍的环境卫生工作，保持鸭舍和运动场的干燥、通风。鸭大肠杆菌的血清型比较复杂，在生产中最有效的方法是根据分离细菌的药敏试验结果来选用适当的抗生素，同时饮用电解多维等营养物质增强病鸭抵抗力。

二、鸭传染性浆膜炎

（一）病原

该病病原为鸭疫里默氏杆菌，为革兰氏阴性短杆菌。

（二）临床症状

1～7周龄鸭对该病敏感，但多发于10～30日龄雏鸭。自然感染发病率一般为20%～40%，有的鸭群可高达70%；发病鸭死亡率为5%～80%。感染鸭临床表现为精神沉郁、蹲伏、缩颈、头颈歪斜、步态不稳和共济失调，粪便稀薄呈绿色或黄绿色。部分出现腹部涨满现象。痉挛性点头，摆头。前仰后翻，翻倒后仰卧不易翻身，呼吸困难，有的出现角弓反张现象。随着病程的发展，部分病鸭转为僵鸭或残鸭，表现为生长不良、极度消瘦。最明显的剖检病变为纤维素性心包炎、肝周炎、气囊炎和脑膜炎，脾脏肿大，呈斑驳样。

（三）防控措施

预防该病首先要改善育雏室的卫生条件，特别注意通风、保持干燥、防寒及降低饲养密度，地面育雏要勤换垫料。做到"全进全出"，以便彻底消毒。发病后应根据细菌的药敏试验结果选用敏感的抗菌药物进行治疗。雏鸭在4～7日龄接种鸭传染性浆膜炎灭活油佐剂疫苗可以有效地预防该病的发生，肉鸭免疫力可维持到上市日龄。由于鸭疫里默氏菌的血清型较多，疫苗中应含有主要血清型菌株。由于雏鸭对鸭疫里默氏杆菌和大肠杆菌病都较易感，可使用鸭传染性浆膜炎和大肠杆菌联苗来同时预防这两种疾病。美国已研制出血清1型、2型和5型鸭疫里默氏菌弱毒疫苗，我国也已经研制出血清1型鸭疫里默氏菌弱毒疫苗。

三、禽霍乱

（一）病原

禽霍乱又称禽巴氏杆菌病、禽出血性败血症，是由多杀性巴氏杆菌引起的主要侵害鸡、鸭、鹅、火鸡等禽类的一种接触性传染病。

（二）临床症状

一般无明显的季节性，但以冷热交替、气候剧变、闷热、潮湿、多雨的时期发生较多，常呈地方流行性。禽群的饲养管理不良，阴雨潮湿以及禽舍通风不良等因素，能促进该病的发生和流行。自然感染的潜伏期为2~9天，根据发病程度，临床上一般分为最急性型、急性型和慢性型3种类型。

（1）最急性型。常发生于该病的流行初期，病鸭常无明显症状，突然倒地，双翼扑动几下就死亡，剖检无明显病理变化。

（2）急性型。在流行过程中最为常见，病鸭少食或不食，羽毛蓬松，打瞌睡，缩颈闭眼，翅膀下垂，呼吸急促，鼻和口中流出混有泡沫的黏液，常有剧烈腹泻，粪便初灰黄而软，后变为污绿色或红色液体，最后发生昏迷、衰竭而死亡，病程1~3天。剖检十二指肠的出血最为严重，发生严重的急性卡他性肠炎或出血性肠炎，肠内容物中含有血液。肝脏肿大，色泽变淡，质地稍硬，表面散布针尖大小的黄色或灰白色坏死点。心外膜下或浆膜下常见点状或片状出血，心包积液。

（3）慢性型。一般表现精神沉郁，尾翅下垂，打瞌睡，食欲废绝，口渴增加，鼻和口中流出黏液，呼吸困难，口张开，病鸭常常摇头，常想将蓄积在喉部的黏液甩出来，称为"摇头瘟"。病鸭发生剧烈腹泻，排出绿色或白色稀粪，有时混有血液，有恶臭。50日龄以内雏鸭呈多发性关节炎，表现为一侧或两侧的跗、腕以及肩关节发热和肿胀，两脚麻痹，起立和行动困难。病鸭常在1~3天内死亡。剖检肝脏稍肿，呈土黄色，质地脆弱，表面密布针尖大的灰黄色坏死点，胆囊肿大，充满绿色油状液体，眼角膜下有出血小点和浅表溃疡，心外膜有出血点，心包积液明显，呈淡黄色、透明，内混有纤维素。雏鸭呈多发性关节炎，常见关节面粗糙，关节囊壁增厚，关节腔内含有暗红色混浊而黏稠的液体，或含有干酪样物质，肝脏一般有脂肪变性，或有坏死灶。

（三）防控措施

加强饲养管理，平时应坚持自繁自养原则，由外地引进种禽时，应从无该病的禽场选购，并隔离观察1个月，采取全进全出的饲养制度，做好清洁卫生消毒工作。在禽霍乱流行的地区应考虑用菌苗进行免疫接种，目前国内使用的菌苗有弱毒菌苗和灭活菌苗两种。弱毒苗一般在6~8周龄进行首免，10~12周龄进行再次免疫。免疫方法有气雾、皮下、肌内注射等。发病后根据细菌的药敏试验结果选用敏感的抗菌药物进行治疗。

四、鸭沙门氏菌病

（一）病原

由沙门氏菌属的细菌引起鸭的急性或慢性传染病。

（二）临床症状

经垂直传播或孵化器感染的雏鸭常呈败血症经过，不表现症状即迅速死亡。雏鸭水平感染后常呈亚急性经过，病鸭呆立，精神不振、昏睡扎堆，两翼下垂、羽毛松乱，排绿色或黄色水样粪便，常突然倒地死亡，病程长的病鸭消瘦、衰竭而死。成年鸭感染后一般不表现症状，偶见下痢死亡。急性死亡的雏鸭可见肝脏肿大、充血并有条纹状和点状出血或坏死灶，卵黄吸收不良并凝固，肠道有出血性炎症。病程稍长者，肝脏肿大呈青铜色，肝表面及内部有大量针尖大的灰色坏死点；胆囊肿大，充盈胆汁；肠道外壁有密密麻麻的灰白色、针尖大的坏死点，肠黏膜充血或出血并呈糠麸样坏死；盲肠肿大，内有干酪样质地较硬的栓子；肾脏肿大，因有白色尿酸盐沉积而呈花斑样。

（三）防控措施

该病应采取综合性的防控措施。首先应加强和改善养鸭场的环境卫生，防止场地和器具污染沙门氏菌；其次要加强鸭群的饲养管理，提高鸭群的抵抗力；最重要的是及时收集种蛋，消除蛋壳表面的污物，入孵前应熏蒸消毒，对可疑沙门氏菌病鸭所产的蛋一律不作种用。鸭群一旦发生沙门氏菌病，最好进行药敏试验筛选出高敏药物。

五、鸭坏死性肠炎

（一）病原

鸭坏死性肠炎是由魏氏梭菌引起的细菌性疾病，临床上以拉血粪、零星死亡、肠道胀气为主要特征，常见于种鸭或后备种鸭。

（二）临床症状

病鸭精神不振，食欲减退，缩头，羽毛松乱，离群寡居，行动迟缓。发病早期排白色水样稀粪，严重时粪便混有血液和肠黏膜组织。种鸭产蛋量迅速下降或停产。主要病变集中在肠道，以空肠和回肠严重。肠管肿胀，部分肠管外观呈黑色或者暗红色，内含混有血液和脱落坏死的肠黏膜组织碎片，有时可见肝脾肿大。

（三）防控措施

该病病原为条件性致病菌，因此应加强饲养管理和日常消毒，保证清洁饮水并及时清除舍内粪便及污物。发生疫情后，可根据分离细菌的药敏试验结果来选用适当的抗生素进行治疗和预防。

第十章 鸭常见寄生虫病

一、鸭球虫病

（一）病原

鸭球虫。该病一般2月龄内的雏鸭多发，但对鸭的影响有限。常与梭菌感染相混淆。

（二）临床症状

个别鸭排暗红色或紫红色粪便，可自行恢复。

（三）防控措施

一般无需特殊处理。若严重可对场地、鸭舍等场所用烧碱或优氯净等消毒，在饲料中加入土霉素、黄连素等药物预防。

二、鸭丝虫病

（一）病原

剑带绦虫和膜壳绦虫，中间宿主为剑水蚤。此外淡水螺可作为某些膜壳绦虫的保虫宿主，鸭吞食了感染的剑水蚤或保虫螺易受到感染，在肠内发育成成熟的绦虫。主要感染雏鸭，成年鸭为带虫者，发病季节是6—9月。

（二）临床症状

病鸭表现腹泻，食欲减退，生长发育迟缓，贫血消瘦。夜间有时出现伸颈、张口，或做钟摆样摇头、仰卧，做划水样动作，严重感染者可致死。

（三）防控措施

在该病流行地区，对水域应轮流使用，将一部分水池停用一年，这样可使含有囊尾蚴的剑水蚤死亡。以后再放牧，每年进行2次定期驱虫，即在秋季收牧时进行一次，第二年春季放牧以前再进行一次。常用丙硫苯咪唑、硫双二氯酚、氢溴酸槟榔素等治疗该病。

三、鸭多棘头虫病

（一）病原

多形科的大多形棘头虫。中间宿主是甲壳纲、端足目的湖沼钩虾。该病常呈地方性流行，临床上以麻鸭较为多见，肉鸭很少发生。常发生于夏、秋季节，1～3月龄雏鸭最易感染，能引起大批死亡。

（二）临床症状

肠中常有溢血现象，肠黏膜溃疡，可见大量的黄白色小结节和出血点。病鸭常排出带有血黏液的粪便，逐渐衰弱死亡，病程一般5～7天。

（三）防控措施

选择没有中间宿主的水池和水面养鸭，幼鸭与成年鸭分开饲养。在多形棘头虫病流行的鸭场，应经常进行预防性驱虫。常用的驱虫药效果不佳，病鸭可用四氯化碳驱虫，按每千克体重0.5毫升，用小胶管灌服，具有良好的疗效。

四、鸭吸虫病

（一）病原

吸虫。发育过程中需1～2个中间宿主。第一中间宿主为淡水螺或陆地螺，第二中间宿主为鱼、蛙、螺、昆虫（蜻蜓、蚂蚁等）、甲壳类（蟹）等。

（二）临床症状

（1）嗜眼科吸虫。主要寄生鸭的眼结膜囊、眼眶、眼窝和瞬膜下。表现为结膜充血、糜烂，角膜混浊、溃疡、坏死，甚至化脓。眼睑肿大、紧闭，流泪。有的双目失明，瘫痪离群，消瘦而死。

（2）舟形嗜气管吸虫。寄生鸭的气管、支气管、气囊和眶下窦。表现为气喘，咳嗽，伸颈，摇头，张口，鼻流多量液体。进行性消瘦、贫血，虫体可阻塞气道，最终导致呼吸困难，窒息死亡。

（3）卷棘口吸虫。寄生于鸭的盲肠、小肠、直肠和泄殖腔。水禽全年可受感染，以6—8月为高峰期。可引起下痢、贫血、消瘦，终因衰竭而死。剖检肠道有炎症，肠内充满黏液，肠黏膜上附着大量虫体，引起黏膜损伤和出血。

（4）鸭次睾吸虫。寄生于鸭肝脏胆管或胆囊内。常因胆囊、胆管虫体堵塞而发生死亡，是目前对鸭危害较大的吸虫病。该病常发生于夏、秋季节，临床上以1～4月龄的鸭较为多见，1月龄以下的鸭很少发生临床症状。轻度感染时，不表现临床症状；严重感染时，患病鸭精神委顿、食欲不振、羽毛松乱、两肢无力、消瘦贫血、常下痢、粪便多呈水样，多因机能衰竭而死。剖检可见肝脏显著肿大，色泽变淡，常见胆管增生的白色花纹和斑点。病程稍长的，肝脏质地变硬，切面可见胆管壁增厚，管腔扩大，内含有黄绿色胆汁的凝固物和虫体。胆囊充盈，胆汁呈深绿色或墨绿色，胆囊腔内有数量不等的虫体，胆囊壁增厚。

（三）防控措施

加强环境卫生、鸭舍清扫消毒，清除的鸭粪堆积发酵进行生物热处理。此外，用丙硫咪唑、吡喹酮等药物进行防控，效果良好。

第十一章 其他鸭病

一、鸭痛风

（一）病原

鸭痛风是由于肾脏或输尿管病变时不能把血液中尿酸正常排出体外，导致血液中尿酸盐浓度升高，在肾脏、肝脏、心脏、肠、腹膜等浆膜面及关节内沉积的一种代谢性疾病。临床上根据尿酸盐沉积的部位不同，可分为关节型痛风和内脏型痛风。

（二）临床症状

1. 关节型痛风

多危害中、成年鸭，患病鸭肢关节肿大，触之硬实感，热肿痛，常跛行，可见两肢关节处肿胀、变形，重症瘫痪。

2. 内脏型痛风

可危害各阶段鸭。病鸭精神委顿，食欲衰退或废绝；肢体无力，行走困难。成鸭患该病不致死但生长滞缓，饮水量增加，最后呈营养不良型消瘦；病鸭后期排白色粪便，可见明显、大量白色尿酸盐沉积；部分患鸭因心包膜、腹膜上大量尿酸盐沉积，触之有沙砾样感觉。

（三）防控措施

该病为代谢性疾病，应加强饲养管理，保证蛋白质供应不超标。同时在饮水中添加小苏打，并加入保肝护肾药物。一般不久即可自愈。

二、鸭曲霉菌病

（一）病原

曲霉菌是该病的病原，主要是由于通风不良或者饲料霉变引起的。

（二）临床症状

多数病雏或者成年鸭主要表现精神委顿，羽毛蓬松，食欲减退。严重的可见呼吸困难，呼吸次数增多。剖检可见气囊或者腹膜上出现大小不等的多个散在霉菌菌斑，严重的可见灰黑色的菌丝。

（三）防控措施

注意通风换气和舍内的温度和适度，同时保证饲料不出现霉变。加强通风换气，降低舍内湿度能有效减少该病的发生。发病鸭群可给予适量制霉菌素，最好将病重鸭淘汰。

鹅

健康养殖与疫病防控

第十二章 鹅品种简介

一、肉用鹅

（一）狮头鹅

狮头鹅是我国大型优良鹅种，原产于广东省东饶县（今饶平县）溪楼村。体躯硕大，头深广，额和脸侧有较大的肉瘤，从头的正面观之如雄狮状，故称"狮头鹅"。

狮头鹅躯体方形，头大颈粗，前躯略高，头部前额肉瘤发达，向前凸出，覆盖于喙上。喙短而坚实、黑色，与口腔交接处有角质锯齿。脸部皮肤松软，眼皮凸出，多呈黑色，外观眼球似下陷，虹彩褐色。颌下咽袋发达，一直延伸至颈部。胫粗蹼宽，胫、蹼都为橘红色，有黑斑。皮肤米黄色或乳白色，体内侧有似袋状的皮肤皱褶。全身背面羽毛、前胸羽及望羽均为棕褐色，由头顶沿颈的背面形成鬃状深褐色羽毛带，体侧、冀、尾羽有浅色镶边，腹部灰白或白色，体躯与地面倾斜度较小，行动较迟缓。成年公鹅体重10~12千克，母鹅9~10千克。生长迅速，体质强健。成熟早，肌肉丰厚，肉质优良。但年产卵量少，仅有25~35个，每个卵重平均有200克左右。极耐粗饲，食量大。75~90日龄的肉用鹅，体重为5~7.5千克。行动迟钝，觅食能力较差。母鹅产蛋季节在每年9月至翌年4月，两岁以上母鹅，平均年产蛋量为28个。在改善饲料条件及不让母鹅孵蛋的情况下，个体平均产蛋量可达35～40个。母鹅可使用5～6年，盛产期在2～4岁。种公鹅配种都在200日龄以上。公母配种比例为1：（5～6），放牧鹅群在水中自然交配。1岁母鹅产的蛋，受精率为69%，受精蛋孵化率为87%；两岁以上母鹅产的蛋，受精率为79.2%，受精蛋孵化率为90%。母鹅就巢性强，每产完一期蛋后，就巢1次。全年就巢3～4次。采用人工孵化，淘汰就巢性强的个体，可提高产蛋量。雏鹅在正常饲养条件下，30日龄雏鹅成活率可达95%以上。母鹅可连续使用3～5年。

在以放牧为主的饲养条件下，70～90日龄上市未经育肥的仔鹅，公鹅平均体重6.18千克，母鹅为5.51千克；半净膛屠宰率公鹅为81.9%，母鹅为81.2%；全净膛屠宰率公鹅为71.9%，母鹅为72.4%。

（二）乌鬃鹅

乌鬃鹅产于广东省清远市北江河两岸，在附近的英德、从化、佛冈和花都等地区也有分布。乌鬃鹅体质结实，体躯宽短，背平。公鹅呈椭核形，肉瘤发达，母鹅呈楔形。成年鹅的头部自喙基和眼的下缘起直至最后颈椎有一条由大渐小的鬃状黑色羽毛带。颈部两侧的羽毛为白色。翼羽、肩羽和背羽为黑色，羽毛末端有明显的棕褐色银边，故俯视呈乌棕色。肉瘤、喙、胫、蹼黑色。

清远乌鬃鹅体型较小，成年体重为2.85～3.5千克。肉用早熟性好，70日龄体重为2.5～2.7千克。90日龄，公鹅体重为3～3.5千克，母鹅2.5～3千克。半净膛率，公鹅为88.8%，母鹅为87.5%；全净膛率，公鹅为77.9%，母鹅为78.1%。母鹅140天开产，一年产蛋4～5期，年产蛋29.6枚，蛋重145克左右，蛋壳浅褐色。公母配种比例1：（8～10），种蛋受精率85%～95%，受精蛋孵化率在90%以上。

（三）阳江鹅

阳江鹅原产于广东省阳江市。体型中等，从头部经颈向后延伸至背部，有一条宽1.5～2.0厘米的深色毛带，形似马鬃，故称黄鬃鹅。全身羽毛紧贴，从胸两侧到尾椎，有一条像葫芦形的灰色毛带。喙、肉瘤黑色，胫、蹼橙黄色。母鹅头细颈长，躯干略似瓦筒形，脚稍高，性情温驯；公鹅头大颈粗，躯干略呈舶底形，雄性特别明显，头顶肉瘤发达。

75日龄仔鹅3.25千克；成年公鹅4.35千克，母鹅3.75千克。9周龄公鹅半净膛率为82.23%，全净膛率为74.10%。母鹅半净膛率为82%，全净膛率为72.91%。阳江鹅配种适宜日龄为160～180天。母鹅开产日龄为150～160天。一年4次就巢。年平均产蛋量28～35个，公母配种比例1∶（5～6），种蛋受精率为84%，受精孵化率为91%。

（四）马冈鹅

马冈鹅产地是著名的中国第一侨乡广东江门开平的马冈镇，是1925年由清朝马冈翠山大队荣岭村的梁奕德引入广东高明的三洲黑鬃鹅公鹅与阳江鹅母鹅杂交，培育优良的鹅品种，再将其与潮州的潮州鹅进行配种，经过长期的选育，最终形成了具有乌头、乌颈、乌背、乌脚（四乌）特点的马冈鹅品种。

马冈鹅头长，喙宽，体躯呈长方形。头羽、背羽、翼羽和尾羽均为灰黑色，体型中等，颈背有一条黑色鬃状羽毛，胸羽灰棕色，腹羽白色，喙、肉瘤、胫、蹼黑色。

出壳重113克，70～90日龄可达3.75千克，成年体重公鹅为5.5千克，母鹅为4.8千克。9月龄未经育肥的公鹅半净膛率为89.7%，全净膛率为76.2%；母鹅半净膛率为88.1%，全净膛率为77%。母鹅一般在140～150日龄开产，其产蛋季节开始于7月至翌年3月结束，年产蛋35～40个，平均蛋重148克，蛋壳白色。公母配种比例1：（5～6），种蛋受精率约82%，受精蛋孵化率约90%。

（五）朗德鹅

朗德鹅又称西南灰鹅，原产于法国西南部的朗德地区，是大型托罗士鹅和体型较小的玛瑟布鹅经过长期杂交选育而成，是世界著名的肥肝专用品种。

朗德鹅体型中等，羽毛灰褐色，颈部接近黑色，腹部毛色较浅，呈银灰色，腹下部则呈白色，也有部分白羽个体或灰白色个体。通常情况下，灰羽毛较松，白羽毛较紧贴，颈粗大，较直，体躯呈方块形，胸深背阔，喙橘黄色，胫、蹼肉色，灰羽在喙尖部有一深色部分。

成年公鹅体重7～8千克，母鹅6～7千克，8周龄仔鹅体重4.5千克左右，肉用仔鹅经填肥后重达10～11千克。肥肝均重700～800克。羽绒每年在拔两次毛的情况下，达350～450克。母鹅一般在210日龄开产，头年11月至翌年5月为产蛋期。平均产蛋35～50枚/年。公母配比1：3，种蛋孵化期31天，种蛋受精率在70%～80%，母鹅有较强的就巢性，雏鹅成活率在90%以上。

二、蛋用鹅

（一）四川白鹅

四川白鹅原产于四川省温江、乐山、宜宾、内江、永川等地，分布于平坝和丘陵水稻产区。四川白鹅是我国中型鹅种中基本无就巢性，产蛋性能优良的品种。

全身羽毛洁白，喙、胫、蹼橘红色，虹彩为灰蓝色。公鹅头颈较粗，体躯稍长，额部有一呈半圆形肉瘤。母鹅头颈细长，肉瘤不明显。成年公鹅体重4.5～5.0千克，母鹅4.0～4.5千克，饲养90日龄平均体重为3.5千克，全净膛屠宰率公鹅79.27%，母鹅

73.10%。

母鹅在200~240日龄，平均年产蛋60~80枚，高产的达100多枚，无就巢性。公鹅性成熟期为180日龄，公母鹅配种比例为1：4。种蛋受精率约为85%，受精蛋孵化率约为90%。

（二）太湖鹅

太湖鹅产于江苏、浙江两省沿太湖地区，分布遍及江苏全省、上海市郊县和浙江省的杭嘉湖地区等，最具中国鹅的典型特征。

太湖鹅体型小，体质细致紧凑，全身羽毛洁白，颈弓形而细长，前躯高抬，肉瘤明显，喙、肉瘤橘黄色。胫、蹼橘红色，虹彩蓝灰色。无腹褶，无咽袋。

成年公鹅体重4.0~4.5千克，母鹅体重3.0~3.5千克，70日龄体重可达2.5千克。性成熟早，160日龄开产，年产蛋60~70枚，蛋壳白色。公母繁殖的配种比例1：（6~7）。种蛋受精率在90%以上，受精蛋孵化率在85%以上。

第十三章 鹅场的建设

一、选址要求

鹅场要选择在交通方便、地势高燥、向阳背风、阳光充足、濒临水源、地势平坦的沙壤土上，若在黏壤土上建设，应做水泥地板或把场坪碾压、夯实成有一定坡度且能排水的地面。

中大型鹅的鹅舍面积按每平方米养4只成鹅进行规划建设，养小型鹅的可按每平方米养6～8只进行规划建设。

鹅场应设在河流、水塘、水库及湖泊的岸边，应有一定面积的滩涂，供建设鹅舍、喂饲场、运动场等的需要。养种鹅必须有一定的水域，面积不大的水塘或小水体养殖应有换水条件，保证水质良好。

鹅场应远离禽畜加工厂、化工厂及人口密集的住宅区和主要交通要道等，不能选择在村寨中间或距村寨不足200米的寨旁建舍；不能在有污水流过的沟渠边建舍；不能在风口和易被冲毁、淹没的河湾、河床上建舍；不能在有屠宰场和工厂的旁边建舍；排水不良，易遭水淹的低洼地不能建鹅舍；不能在雷击多发地区建舍。

二、水源、饲料、运动场要求

鹅场应具备必需的条件与面积，有充足清洁的饮水源，符合饮用水标准。选择水样要考虑取水方便，水源周围环境条件较好，要易于保护，不受污染。优先选择地下水资源丰富的地区，可作为鹅场用水，地表水如河流、池塘及湖泊等水源，可供给鹅放牧和锻炼用。

选择场址时应考虑饲料的就近供应。鹅是草食水禽，需要大量的、足够的、多样化的青饲料，所需的青饲料最好由当地供应或自行种植，附近还应该有天然牧场，提供良好的牧草资源。

需要有运动场，陆上运动场一般是每2只鹅有1平方米即可，水上运动场可根据实际情况增减，一般不低于3只每平方米。

有遮阴棚或遮阴网、遮阴树木等，新建场在植树育林时，应把树用木块或竹筐套起来，以免树苑、树根部被鹅啄伤而不能成活。在沟坎上搭造的鹅舍，除稳固、牢实外，要建下水道路及运料到场的道路。

三、鹅场布局

规划时要从便于管理、便于做好防病工作和生产流程安排，节约基建费用等方面去考虑。在地形地势差、面积小的地方，可把饲料房、消毒室、值班室建成一排，距鹅舍30~50米即可。在地形地势好、面积宽的地方应设有专用的更衣室、饲料房、药品房、值班房、生活区（鹅舍和生活区相距100米以上）、消毒室等。鹅场内设净道和污道，周围用铁丝网或木栅栏围固，防盗防兽害。

四、场内设施

鹅场要建好育雏舍、育肥鹅舍、母鹅舍、种鹅舍及孵化室。

设有宽而高且牢固的、易于移动的水槽和料槽，鹅场除基本设施外，应设疾病隔离观察房，备足常用药剂和治疗诊断器械，有条件的备有冰箱；种鹅场应在干燥阴暗的舍角设有产蛋箱（窝）。

五、建设时间

鹅场的建设应选择干燥晴朗的日子，尽量不在阴雨天施工，因为雨天建设时易把泥土等污物弄在材料上难清洗和消毒。木料尽量使用冬季砍伐的木质硬而干燥的为佳。不能使用原来已污染过的和有刺激味的材料建设。

六、鹅舍朝向

鹅舍建筑要求冬暖夏凉，空气流通、光线充足。在地势较平坦的地方，鹅舍大门正对水面、向东开放，受太阳直射时间多，有利于冬季采光吸热，促进体内钙质的转化和吸收。但不能在朝西或朝北的地段建舍，因为夏季迎西晒太阳，舍内气温高，易造成鹅中暑等死亡。冬季迎着西北风、气温低，鹅采食料多，生产水平低。在地势较狭窄的沟洼盆地建舍时，其朝向主要考虑夏避暑、冬保温，不被大风吹翻房顶，利于鹅放牧运动即可，不必考虑朝向。

七、鹅舍温度与湿度

选择建鹅舍的地面湿度应在25%以下，不能超过35%，否则下雨时易患大肠杆菌病和副伤寒。鹅舍内的温度包括气温和自产体温热，鹅群过挤，所散发的温度聚集，无法流通透气，会使整个栏内的温度升高，氨气、二氧化碳和硫化氢等气体排放增加，鹅易患呼吸道疾病。夏冬季气温变化大，鹅易受热应激或冷应激影响，导致机体抵抗力下降，阻碍生长发育。

第十四章 鹅的营养需要量

　　鹅的营养需要，要根据鹅的不同品种、不同生长阶段、不同生产用途和不同饲养环境条件下，对各种营养物质利用率和最低需要量，作为制定鹅的营养标准，科学配合日粮的依据，以满足鹅正常生命活动和生产的需要，使其能够有效地利用饲料，发挥最大的生产潜能。

　　鹅在各个生长发育阶段，需要各种不同的营养，其中能量是基本营养成分，饲料中能量过低就会影响鹅正常生产性能的发挥，过高则造成浪费或脂肪沉积，影响种鹅的种用价值。碳水化合物主要是无氮浸出物和纤维素，是鹅所需能量的主要来源。蛋白质是鹅体及产品构成的主要成分，也是体内酶、激素的主要原料，在新陈代谢中起着重要作用，蛋白质供应不足会影响生产性能，特别是鹅的早期生长和产蛋配种期尤为重要。脂肪能给鹅提供能量，除肥肝生产等特殊需要外，鹅一般不会缺乏。微量元素和维生素种类繁多，但各自起着不同的作用，某种微量元素和维生素不足都会引起缺乏症。同时，各种成分在营养需求中还具有相互协同或拮抗作用。因此，在满足鹅的营养需要时不但要考虑供应充足，还要注意不同成分之间的合理配比。

一、肉鹅营养需要量

　　肉鹅日粮必须营养全面，一般在仔鹅段（28日龄之前）蛋白质含量应达到20%，大鹅段（28日龄之后）蛋白质含量应达到18%。日粮中钙磷比例要合理，仔鹅段约为2：1，饲料中钙含量为1%，磷含量为0.45%；大鹅段约为3：1，饲料中钙含量为2%，磷含量为0.7%。日粮中的食盐含量要适当控制，大鹅段为0.4%~0.5%，仔鹅段为0.3%~0.4%。生长期（70日龄之前）每千克饲料代谢能2.7兆卡，育肥期（70日龄之后）能量需要量增加，蛋白质需求降低，每千克饲料代谢能应达到2.8兆卡，蛋白质含量降至12%即可。

有放牧条件的肉鹅养殖场，在大鹅阶段，往往以放牧为主、补饲为辅。肉鹅采食大量青绿饲料，特别是优质牧草，蛋白质能够满足需求，但能量补充略微不足。配制饲料时，可将能量适当提高0.2兆卡左右，同时将蛋白质适当降低1%~2%，食盐含量应达到0.5%。在羽毛生长期，肉鹅要针对需求补充含硫氨基酸，主要方法：一是加大蛋氨酸、半胱氨酸等含硫氨基酸添加剂的使用量；二是在饲料中添加3%~5%的羽毛粉。不同的肉鹅品种，对营养的要求有一定的差异，配制日粮要充分考虑到品种的特点。

肉鹅日粮要随着日龄的增长不断进行调整，但饲料配方的调整须有7天左右的过渡期，在某一生长期内要保持日粮配方的稳定性，防止日粮频繁或突然变换造成应激。大鹅能消化饲料中40%~50%的粗纤维，仔鹅饲料中纤维素含量应占5%~7%，保持饲料中粗纤维的稳定性，既能满足肉鹅的生理需求，也能降低饲料成本。

二、种鹅营养需要量

种鹅由于连续产蛋和繁殖后代，需要消耗较多的营养物质，尤其是能量、蛋白质、钙、磷等。如果营养供给不足或营养不均衡，就会造成产蛋量下降、蛋重减少、种鹅体况消瘦，最终停产换羽，因此要充分考虑母鹅产蛋所需的营养。由于我国养鹅以粗放饲养为主，所以我国鹅的饲养标准至今尚未制定。目前各地对鹅的日粮配合及喂量，主要是参照国外的饲养标准，并根据当地的饲料资源和鹅在各生长、生产阶段营养要求因地制宜自行拟定的。

在以舍饲为主的条件下，建议产蛋母鹅日粮营养水平为：代谢能量10.88～11.51兆焦/千克，粗纤维8%～10%，粗蛋白15%～16%，蛋氨酸0.35%，赖氨酸0.8%，胱氨酸0.27%，钙2.2%～2.5%，磷0.65%，食盐0.5%。

产蛋母鹅要喂饲适量的青绿多汁饲料。国内外的养鹅试验和生产实践都证明，母鹅饲喂青绿多汁饲料有助于提高母鹅的繁殖性能。另外，产蛋母鹅日粮中搭配适量的优质干草粉，也可以提高母鹅的繁殖性能。产蛋鹅舍应单独设置一个矿物质饲料盘，任其自由采食，以补充钙质。种鹅产蛋和代谢需要大量的水分，所以对产蛋鹅应供给充足饮水，保持舍内有清洁的饮水。产蛋鹅夜间饮水与白天一样多，所以夜间也要给足饮水，满足鹅体对水分的需求。我国北方早春气候寒冷，饮水容易结冰，产蛋母鹅饮用冰水对产蛋有影响，应给予温水，并在夜间换一次温水，防止饮水结冰。

第十五章 鹅的饲养管理

一、雏鹅（出壳至4周龄）饲养管理

（一）育雏环境

1. 育雏室整修与消毒

育雏室要求光线充足、温暖、干燥、保温性能良好，空气流通。进雏鹅前要做好准备工作：检查育雏室，整修门窗及育雏设备。进雏鹅前2～3天，清扫育雏室并用消毒药液消毒，墙壁用10%～20%石灰乳涂刷；地面用5%漂白粉悬混液喷洒消毒；密封条件好的育雏室可熏蒸消毒（每立方米空间用高锰酸钾15克、福尔马林30毫升，密闭门窗熏蒸48小时）；饲料盆、饮水器等先用三氯异氰尿酸粉溶液喷洒或洗涤，然后用清水冲洗干净，晾干备用；垫料（草）等使用前在阳光下暴晒1～2天。

2. 温度

育雏方式按温度来源可分为给温育雏和自温育雏，给温育雏就是人工提供热源，育雏效果好，劳动生产率高，适合于大群育雏和天气寒冷时采用。自温育雏就是雏鹅在有垫料的箩筐、草围内，上覆保温物利用雏鹅自身散发的体温保温，对小群育雏具有设备简单、经济等优点。

适宜的温度是提高育雏成活率的关键因素之一。育雏温度是否合适，可根据雏鹅的活动及表现来判断。温度过低时，雏鹅靠近热源，集中成堆，挤在一起，不时发出尖锐的叫声；温度过高时，雏鹅远离热源，张口喘气，行动不安，饮水频繁，食欲下降；温度适宜时，雏鹅分布均匀，安静无声，食欲旺盛。育雏期间切忌温度时高时低，以免雏鹅患病。

育雏保温应遵循以下原则：群小稍高，群大稍低；夜间稍高，白天稍低；弱雏稍高，壮雏稍低；冬季稍高，夏季稍低。在育雏期间应做到适时脱温，雏鹅的保温期在不同季节有较大的差异，当外界气温较高或天气较好时，雏鹅在3~5日龄可进行第一次放牧和下水，白天可停止加温，在夜间气温低时加温，即开始逐步脱温；在寒冷的冬季和早春季节，气温较低，可适当延长保温期，但也应在7~10日龄开始逐步脱温。

3. 湿度

潮湿对雏鹅的生长发育有很大的影响。在低温高湿情况下，雏鹅体热散发过多而感到寒冷，易引起扎堆、感冒和下痢，导致育雏成活率下降。高温高湿时，雏鹅体热的散发受到抑制，体热的积累造成食欲和物质代谢下降，抵抗力减弱。同时，高温高湿导致病原微生物的大量繁殖，增加雏鹅的发病率。因此，育雏室要保持干燥清洁，相对湿度控制在60%~70%，门窗不宜长时间关闭，要注意通风换气，经常更换垫料，喂水切勿外溢。

4. 分群

为保证有良好的饲养效果，必须对雏鹅进行严格的选择。在对雏鹅进行筛选后，将弱雏和健雏分群饲养，有利于雏鹅的整齐发育，便于管理。在雏鹅开水、开食前，应根据出雏时间迟早和体质强弱，第1次分群，实施不同的保温策略，控制开水开食时间。开食后第2天，根据雏鹅采食情况，第2次分群，将不吃食或吃食量很少的雏鹅，应及时剔出，单独喂食。育雏阶段要定期按强弱、大小分群，及时淘汰病雏，进行精细管理，便可提高育雏期的成活率。分群时，每群雏鹅以100～150羽为宜，群内再分若干小栏，每栏25～30羽，安排适宜的饲养密度。雏鹅喜欢聚集成群，温度低时会挤堆，易发生压伤、压死现象。出现挤堆时，饲养人员应查找原因，及时赶堆分散鹅群。

（二）饲养管理

1. 开水和开食

雏鹅出壳后第一次饮水称"开水"或"潮口"。一般在雏鹅出壳后24～36小时，育雏室内有2/3雏鹅有啄食现象时"开水"。"开水"的水温以25℃为宜，可用0.05%高锰酸钾液或5%～10%葡萄糖水和含适量复合维生素B液的水。"开水"时轻轻将雏鹅头按至水中蘸一下，让其饮水即可。

"开水"后即可开食。开食料可用雏鹅配合饲料，或颗粒破碎料加上切碎的少量青绿饲料（比例为1∶1），或蒸熟的籼米饭加一些鲜草。开食时，可将配制好的全价饲料撒在塑料薄膜或草席上，引诱雏鹅自由吃食。也可自制长30～40厘米、宽15～20厘米、高3～5厘米的小木槽喂食，周边插一些高15～20厘米、间距3～5厘米的竹签，以防雏鹅跳入槽内弄脏饲料。第一次喂食不要求雏鹅吃饱，只要能吃进一点饲料即可。每隔2～3小时可人为驱赶雏鹅采食，再用同样方法调教，几次以后雏鹅就会自动采食了。

2. 饲喂次数和方法

育雏阶段要充足供应饮用水，少量多餐饲喂。1周龄内，每天喂6～8次。头3天，每天喂6次左右；4日龄后，每天喂8次；10～20日龄，每天喂6次；20日龄后，每天喂4次（其中夜间1次）。喂料时，应将精料和青绿饲料分开喂，先喂精料，再喂青绿饲料，这样可避免雏鹅专挑食青绿饲料，少吃精料，使雏鹅采食到全价饲料，满足雏鹅对营养的需要，防止吃青绿饲料过多引起腹泻。

3. 雏鹅饲料

育雏前期，精料和青绿饲料比例约为1：2，以后逐渐增加精料。有条件的养殖场也应种植象草等牧草，每日适量供应雏鹅1~2次。精料应是全价饲料。

4. 放牧与放水

春季育雏从5~7日龄开始放牧。选择晴朗无风的天气，将喂料后的雏鹅放在育雏室附近平坦的嫩草地上，让其自由采食青草。开始放牧时，时间要短，一般在1小时左右，以后逐渐延长。阴雨天或烈日下不能放牧，放牧时赶鹅要慢。放牧1周后，气温适宜时，可以结合放水，把雏鹅赶到浅水处，让其自行下水、戏水，既可以增强体质，又利于使羽毛清洁，提高抗病能力，切勿强行赶入水中，以防风寒感冒。

开始放牧、放水的具体日龄应视气温情况和雏鹅的状态而定，夏季可提前1~2天，冬季可推迟几天。有条件放牧的地方可适当放牧。网养雏鸭则可于10日龄左右放水，饲养仍然以精料为主。

5. 卫生防疫

要经常保持鹅舍的清洁卫生，勤于打扫场地，更换垫料，保持育雏室清洁、干燥，每天清洗饲槽和饮水器，清除积在槽底的饲料。消毒育雏环境，按免疫计划接种疫苗。同时，要防止鼠、蛇等敌害动物伤害雏鹅，在夜间育雏室可通宵照明，加强防范措施。

二、中鹅（4周龄以上至育肥前）饲养管理

（一）放牧饲养

1. 放牧时间

放牧初期，上午和下午各放牧1次，中午赶鹅回舍休息。天

热时，上午早放早归，下午晚放晚归；天冷时，上午迟放迟归，下午早放早归。随着鹅日龄的增加，逐步延长放牧时间，中午不回鹅舍，选阴凉处就地休息、饮水。鹅一天中采食最多的时间是在早晨和傍晚，故放牧要尽量早出晚归，使鹅群多采食青草。

2.适时放水

鹅群在吃至八成饱时，大多数鹅会蹲下休息。此时，应将鹅群赶到水中，让其自由饮水、洗澡、理羽。放水后，鹅的食欲大增，又会采食青草。一般每天放水3次，夏季应多放水。

3.放牧场地选择

优良放牧场地应具备4个条件：一要有鹅喜食的优良牧草；二要有清洁的饮用水源；三要有树荫或其他荫蔽物，供鹅群遮阳或避雨；四要道路平坦。放牧场地应划分成若干小区，按小区有计划轮放，保持每天都有适于采食的牧草。农作物收割后的茬地也是极好的放牧场地。

4.鹅群编组

放牧鹅群大小要根据牧地情况及管理人员的放牧经验而定，一般250～300羽鹅组成1个放牧群，每群由1人负责放牧。牧地开阔平坦的，鹅群可增加到500～1 000羽，需2人放牧管理。鹅群过大，不易管理。

5.鹅群的调教

鹅的合群性强，可塑性大，胆小，对周围环境的变化非常敏感。在鹅的放牧初期，应根据其行为习性，调教鹅的出牧、归牧、下水、缓行、休息等行为，放牧人员加以相应的信号，使鹅群建立起条件反射，养成良好的生活规律，便于放牧的管理。

6.放牧鹅补饲

放牧场地条件较差，牧草贫乏，牧地采食的营养物质满足不了鹅生长发育需要的，要给予充足的补饲。补饲料以青绿饲料为主，拌入少量糠麸类粗饲料和精饲料，于晚上供鹅群自由采食。让鹅群吃饱过夜。

（二）舍饲养鹅

规模化集约养鹅，放牧场地受到限制，一般采用栏舍饲养。舍饲养鹅要多喂青绿饲料。解决青绿饲料来源的最佳途径是种植牧草。舍饲时，要保持饮水池的清洁卫生，勤换鹅舍垫草，勤打扫运动场。舍饲育成鹅的饲料，要以青绿饲料为主，精、粗饲料合理搭配。运动场内需堆放沙砾，供鹅选食。尽量扩大运动场面积，使鹅能有较充足的运动场地。

中鹅养成后，应短期育肥。以放牧为主饲养的中鹅，骨架较大，但胸部肌肉不丰满、膘度不够、出肉率低、稍带些青草味，经舍饲短期育肥，可改善肉质，增加肥度，提高产肉量。

一般在光线较暗的鹅舍内舍饲育肥，鹅的育肥期一般为10~14天，白天喂3次，夜间喂1次；喂以玉米、稻谷、大麦等精料为主，加一些蛋白饲料，一般每羽鹅每天喂400克左右。舍饲育肥，要限制鹅的活动，控制光照，保证安静，减少对鹅的刺激，使其体内脂肪迅速沉积。同时供应充足饮水适当供给青饲料，增进食欲，帮助消化。

三、后备种鹅（70日龄以上留种用鹅）饲养管理

（一）生长阶段饲养

青年鹅80日龄左右开始换羽，经30~40天换羽结束。此时的青年鹅仍处于生长发育阶段，不宜过早粗饲。对放牧的鹅应每日补喂精料2~3次，补饲的精饲料和青绿饲料比例以1：2为宜。应根据放牧场地的草质，逐步降低饲料营养水平，使青年鹅体格发育完全。

（二）控制饲养阶段

后备种鹅经第2次换羽后，应供给充足的饲料，经50～60天便开始产蛋。此时，鹅身体发育还未完全成熟，群内个体间常会出现生长发育不整齐，开产期不一致等现象。所以应采用控制饲养措施来调节母鹅的开产期，使鹅群比较整齐一致地进入产蛋期。公鹅第2次换羽后开始有性行为，为使公鹅充分成熟，120日龄起，公鹅和母鹅应分群饲养。

在控制饲养期间，应逐渐降低饲料营养水平，日喂料次数由3次改为2次，减少每次喂料量，尽量延长放牧时间。控制饲养阶段，母鹅的日平均饲料用量一般比生长阶段减少50%～60%。饲料中可添加较多的填充粗饲料（如粗糠），以锻炼鹅的消化能力，扩大食管容量。公鹅在限制饲喂期中，应注意其能维持正常的健康和体重水平。后备种鹅在草质良好的草地放牧，可不喂或少喂精料。弱鹅和伤残鹅等要及时挑出，单独饲喂和护理。

（三）恢复饲养阶段

经控制饲养的种鹅，应在开产前30～40天进入恢复饲养阶段。此期应逐步提高补饲日粮的营养水平，逐渐增加喂料量和饲喂次数，让鹅恢复体力，促进生殖器官发育，补饲定时不定量，饲喂全价饲料。为了使种鹅换羽整齐和缩短换羽时间，节约饲料，可在种鹅体重恢复后进行人工强制换羽，即人为地拔除主翼羽和副主翼羽，拔羽后应加强饲养管理，适当增加喂料量。

在开产前，要给种鹅服药驱虫并做好免疫接种工作。根据种鹅免疫程序，及时接种小鹅瘟、禽流感、坦布苏病毒病等疫苗。

（四）种鹅产蛋期的饲养管理

（1）后备种鹅进入产蛋前期时，体质健壮，生殖器官已得到较好的发育，母鹅体态丰满，羽毛紧扣体躯，鲜艳并富有光泽；性情温驯，食欲旺盛，采食量增大，争先采食贝壳、螺蛳等钙含量高的物质；行动迟缓，常常表现出衔草做窝，说明临近产蛋期。有的母鹅会高声大叫，行动不安，有离群的现象出现。

（2）从第26周起改为初产蛋鹅饲料，并每周增加日喂料量25克饲料，约用4周时间过渡到自由采食，不再限制饲喂量。

（3）日粮配合。由于种鹅连续产蛋的需要，消耗的营养物质非常多，特别是蛋白质、钙、磷等。如果饲料中营养不全面或某些营养元素缺乏，则造成产蛋量的下降，种鹅体况消瘦，最终停产换羽。因此，产蛋期种鹅日粮中蛋白质水平应增加到18%～19%，才有利于提高母鹅的产蛋量。产蛋期种鹅一般每日补饲3次，早、中、晚各1次。补饲的饲料总量控制在150～200克。这能使种鹅的体质得以快速恢复，为产蛋积累能量和营养物质。

（4）光照控制。种鹅的饲养过程中要注重光照控制，以促进产蛋，减少就巢性，从10月份以后，可在鹅舍适当开灯补充光照，日光照时间要求基本稳定或逐渐延长，时间在13～15小时。而至3月份后则宜减少光照时间，可延长产蛋期。

（5）适宜的公母配种比例。为提高种蛋的受精率，必须注意鹅群的健康状况，提供适宜的公母配种比例。种鹅配种时间一般在早晨和傍晚较多，而且多在水中进行。产蛋前期，母鹅在水中往往围在公鹅周围游水，并对公鹅频繁点头，表示求偶的行为。因此，要及时调整好公母的配种比例，做好配种的各项准备工作。

（6）防止窝外产蛋。母鹅的产蛋时间大多在下半夜至上午10时之间，故产蛋母鹅上午10时前不要放牧。产蛋鹅的放牧地点应选在鹅舍附近，以便于母鹅及时回舍产蛋，避免在野外产蛋。鹅产蛋时有择窝的习性，形成习惯后不易改变，为便于管理，提高种蛋质量，必须训练母鹅在种鹅舍内的产蛋窝产蛋。初产母鹅还不会回窝产蛋，发现其在牧地产蛋时，应将母鹅和蛋一起带回产蛋间，放在产蛋窝内，用竹箩盖住，逐步训练鹅回窝产蛋。放牧时，若母鹅神态不安，急于找窝（如匆忙向草丛或隐蔽的场所走去），应予检查。早上放牧前要检查鹅群，发现鹅有鸣叫不安、腹部饱满、尾羽平伸、行动迟缓、不肯离舍等现象时，应捉住检查，如有蛋，就不要随群放牧。

（五）休产期种鹅

鹅的产蛋期一般只有5～7个月，母鹅的产蛋期除与品种有关外，还与各个地区的气候有较大关系。特别在南方，每年的6—9月几乎全群停产。休产期，种鹅群产蛋率和种蛋品质下降，母鹅的羽毛逐渐干枯脱落，体重开始下降。种公鹅体重减轻，配种能力下降，也出现换羽现象。此时，鹅只消耗饲料，不产蛋，管理上应以放牧为主，停喂精料，任其自由觅食青草，并逐步停止补饲。可采用强制换羽和人工拔羽的办法，达到统一换羽，也能增加经济收入。

此外，为了保持鹅群旺盛的繁殖能力，应该在每年的休产期间选择和淘汰种鹅，按比例补充后备种鹅，重新组群。

四、种公鹅饲养管理

种公鹅培育的好坏，直接关系到种蛋的受精率和孵化率，影响到饲养种鹅的经济效益，应引起足够的重视。要多放少关，加强运动，防止过肥，以保持公鹅体质强健。公鹅群体不宜过大，以小群饲养为佳，一般每群15～20只。如公鹅群体太大，会引起互相爬跨、殴斗，影响公鹅的性欲。另外，公鹅的性机能缺陷、选择性的配种习性、相互啄斗以及换羽等都会影响受精率。因此，为了提高种蛋的受精率，可以采用人工授精技术。

（一）公鹅选择

应选择体质强健，性欲旺盛，采精反射能力强，精子量多，精子品质好的公鹅。

（二）采精频率

一般应隔日采精，如公鹅数量不够，连续采精3天后应休息1天。采精频率过高，不仅损害公鹅的健康，而且也影响每次采精的质量，降低种蛋的受精率。

（三）饲料与营养

采精期间，应供给全价配合饲料，特别要保证蛋白质饲料的充足供应。日粮中要求粗蛋白含量为16%～18%，每千克含代谢能2 700千卡。在饲料配制时，可添加3%～5%的动物性饲料（鱼粉、蚕蛹等），另加一定量的维生素，以每100千克精料中加入维生素E 400毫克，可有效地提高公鹅精液的品质。

第十六章 鹅繁殖与孵化

一、鹅的繁殖

（一）种蛋的选择

种蛋应来源于没有传染病的非疫区，场区要求卫生防疫条件好、有严格的免疫程序，饲料营养标准、配种群公母比例适当。种蛋受精率应在85%以上。蛋壳质量要求结构致密均匀，厚度适中，过厚的钢皮蛋、表面粗糙的砂皮蛋都不宜作种蛋用。蛋壳表面要求洁净无粪便或其他污物污染。具体要求如下。

1. 蛋重

不同品种的种蛋大小不一致，应按照品种特点，选择中等大小的中蛋入孵，一般超过该品种均值的正负15%，均不宜作种蛋使用。种蛋过大或过小均影响孵化率和雏鹅的初生体重。初生重一般为入孵蛋重的60%～70%。

2. 蛋的形状

种蛋以长椭圆形为佳，蛋形指数（纵径/横径）应在1.4～1.5，过长、过圆、腰鼓等畸形蛋均不能作种蛋入孵，否则孵化率较低。

3. 蛋壳的质地

蛋壳要求质地细密均匀，厚薄适度。蛋壳过厚、过薄、壳面粗糙或有皱纹等均不同程度地影响水分的蒸发和气体交换，不宜作种蛋使用。常用的检查方法是敲蛋，通过轻轻碰撞，根据其声音来鉴定。完整无损的蛋声音清脆，破损蛋发出沙声；钢壳蛋声音过响。

4. 蛋壳表面的清洁度

蛋壳表面要求清洁无粪便或其他污物，脏蛋由于气孔堵塞，妨碍气体交换，影响正常的胚胎发育，导致死胚胎增多。对于一些轻度污染的种蛋，也应及时擦干净。

（二）种蛋的贮藏

种鹅场或孵化场应设立种蛋贮藏库，以贮藏收集的种蛋，供孵化或出售，贮藏条件如下。

1. 温度

受精蛋在蛋的形成过程中已开始发育，产出体外后暂时停止胚胎发育，当环境适宜时胚胎又开始发育。胚胎发育的临界温度为23.9℃，超过这个温度，胚胎从休眠状态中苏醒过来继续发育，但当温度达不到胚胎发育的适宜温度，则胚胎发育不完全、不稳定，容易造成胚胎早期死亡。如果种蛋保存温度长时间过低，虽然胚胎发育仍处于静止休眠状态，但胚胎的活力下降，甚至死亡。因此种蛋保存的适宜温度为13～16℃，不得超过24℃。

2. 湿度

种蛋贮存期间，蛋内水分通过气孔不断向外蒸发，其蒸发速度与贮藏库的相对湿度呈反比。因此适当提高贮藏库内的相对湿度可减少蛋内水分的蒸发，相对湿度以75%～85%为宜。

3. 种蛋放置

种蛋贮藏时限为1～3天时，种蛋可钝端朝上放置；超过4天以上应锐端朝上放置，以防止气室增大。

4. 翻蛋

蛋黄的比重较轻，易浮在上部。因此种蛋在贮存期间，为防止胚胎与壳膜的粘连，避免影响种蛋的品质和胚胎的早期死亡必须定时进行翻蛋。一般认为种蛋贮藏时间在1周以内，不必进行翻蛋，时间超过1周时，可每天定时翻蛋1~2次，角度为45°。

5. 通风

种蛋贮藏库应保持良好通风，且清洁卫生、无特殊气味，避免阳光直射。堆放化肥、农药或其他有强烈刺激性物品的地方，不宜存放种蛋，以防影响胚胎的生长发育。

（三）种蛋的消毒

种蛋在体内、产出后及贮藏过程中往往被粪便、垫草等污染，蛋壳表面的细菌和微生物大量繁殖，通过蛋壳、壳膜上的气孔进入蛋的内部，影响胚胎的正常生长发育。种蛋存放时间越长，细菌和微生物在蛋壳表面繁殖就越多，胚胎污染的机会就越大。因此，种蛋在入库前应及时清洗并进行消毒，常用的消毒方法有以下几种。

1. 熏蒸消毒法

按每立方米容积42毫升福尔马林、21克高锰酸钾，在温度20~24℃、相对湿度75%~80%的环境条件下熏蒸20分钟，此法可杀灭种蛋95%~98.5%的表面细菌。也可在孵化机内熏蒸消毒，按每立方米容积28毫升福尔马林、14克高锰酸钾熏蒸20~30分钟。使用此法时应保持蛋壳表面干燥。

2. 新洁尔灭喷雾消毒法

取5%的新洁尔灭原液，加50倍40℃的温水，配成0.1%的消毒液，用喷雾器喷洒在种蛋表面，待约5分钟药液干燥后，即可入孵或送入蛋库。该溶液切忌与肥皂、碱、高锰酸钾等配用，以免失效。

3.百毒杀喷雾消毒法

百毒杀是含有溴离子的双链季铵盐类化合物，对细菌、病毒、霉菌等均有消毒作用，且没有腐蚀性和毒性，是较为理想的消毒剂。孵化机与种蛋消毒时，可在每10千克水中加入50%的百毒杀3毫升，进行喷雾消毒。

（四）种蛋的包装

种蛋的引进需长途运输，如果保护不当，往往引起破损、系带的松弛和气室破裂等，致使孵化率下降。种蛋的包装工具可用专用蛋箱，也可用厚纸箱或竹筐。纸箱内用硬纸片做成方格，每格放一个蛋，两层之间有纸片隔开。用竹筐装蛋，在四周应放上一层垫料，一层蛋一层垫料，蛋与蛋之间的空隙用垫料塞满，垫料可用锯末、稻草、糠壳、刨花等。

（五）种蛋的运输

种蛋应做到快速平稳地运达目的地。冬季要注意保温，防止冻伤、冻裂；夏季要注意遮阳，避免受热，为了进一步减轻运输震动，一般还要在蛋（筐）的底部铺一层厚垫料。搬运是轻拿慢放，运输时防止颠簸和急刹。

二、鹅的孵化

（一）鹅蛋的孵化条件

1.温度

温度是鹅胚胎发育的重要因素。在孵化过程中，胚胎发育对于温度的变化非常敏感，适宜的孵化温度是鹅胚胎正常生长发育的保证，正确掌握和运用孵化温度是提高孵化率的首要条件。孵化过程中给温标准受多种因素影响，应在给温范围内灵活掌握运用。小型鹅种给温应稍低于中、大型鹅种；夏季室温较高时孵化温度应低于冬、春季节等。虽然胚胎发育对孵化温度有一定的适应能力，但是超过给温范围会影响胚胎的正常发育，因为鹅胚对稍高于或低于适宜的温度范围是敏感的。温度过高或过低都会影响胚胎的生长发育，甚至造成死亡。高温对鹅胚的胚胎致死界限较窄，危险性较大，如孵化鹅蛋温度达42℃时，3～4小时可使鹅胚的胚胎死亡，低温致死界限较宽，危险性相对较小，如孵化温度低至30℃时，超过30小时，才会致鹅胚的胚胎死亡。

由于鹅蛋的壳上膜、蛋壳、气孔和内外膜等特殊结构，孵化中，种蛋受热慢，其含脂率相对较高，加上中后期产生大量的生理热，使散热发生困难。所以在孵化过程中，施温的原则是前期高，中期平，后期略低。工厂化养殖主要的孵化方法是变温孵化法。由于鹅蛋较大，蛋内脂肪含量较高，在孵化的14～15天后，代谢热上升较快，可采取适宜的孵化温度。孵化温度第1天为39～39.5℃，第2天为38.5～39℃，第3天为38～38.5℃，第4～21天为37.8℃，22天以后转入摊床孵化。

2. 湿度

控制湿度的原则是两头高、中间平。前期湿度对于水禽孵化来说是重要孵化条件之一，一般以相对湿度计。孵化湿度与鹅胚的水分代谢或其他代谢直接相关。孵化初期，由于鹅胚需要形成羊水和尿囊液，因此相对湿度要求较高，为75%～80%；中期鹅胚会逐步排除羊水和尿囊液，相对湿度应维持在60%；出壳阶段，为防止蛋壳膜与蛋白膜过于干燥而与雏鹅胎毛发生粘毛现象，也为了使蛋壳结构疏松，故相对湿度恢复至75%～80%。当湿度超过75%并且通风不良时，胚胎因气体交换差而引起酸中毒，导致胚胎窒息死亡，这点最值得注意。

3. 通气

鹅胚在发育过程中，不断进行气体交换，吸收氧气，排出二氧化碳，孵化过程中通风换气，可以不断提供鹅胚需要的氧气，及时排出二氧化碳，还可起到均匀体内温度、驱散余热等作用。早期的鹅胚主要通过卵黄囊血管利用卵黄中的氧气。鹅胚发育到中期，气体代谢是依靠尿囊，通过气孔直接利用空气中的氧气；孵化后期，胚胎开始肺呼吸，耗氧量和二氧化碳排出量大量增加。研究表明，若孵化机内二氧化碳含量超过1%，孵化率下降15%，如不及时改善通风换气，畸形、死胚会急剧增加。在实践中，孵化器通风装置提供的新鲜空气远比实际需要量多，只要通风系统运转正常，正确控制进出气孔，一般不会发生氧气不足和二氧化碳浓度过高的问题。若采用整批孵化，在孵化前期可以不开或少开通气孔，随着胚胎日龄的增加，再逐步加大或全部打开通气孔。通风与温度、湿度的控制有密切的关系。通风不良，空气不流通，湿度增大，温度不均匀；通风量过大，温度、湿度又不易保持。因此，应合理地调节通风换气量。

4. 翻蛋

通过翻蛋，可使鹅胚受热均匀，有利于胚胎的充分发育；可防止胚胎与壳膜发生粘连；在孵化中期，可以减少尿囊膜和卵黄囊膜的粘连，降低死胎率；可增加胚胎的活动，保持正常胎位；此外，还可大大改善气体代谢，提高胚胎的活力。应2～3小时翻蛋1次，水禽的翻蛋角度一般为90°（±45°），如有条件，可适当增加翻蛋角度至120°（±60°）。平箱孵化等传统的孵化方法没有转蛋装置，因种蛋平放，可用手工翻蛋，翻蛋角度为180°，同时应调整蛋筛的位置，可每天翻蛋6～8次，至少应达到4次。

5. 凉蛋和喷水

凉蛋和喷水是调整温湿度的有效措施，对孵化率影响很大，用配套的立式和卧式仿生孵化箱，孵化率可比常规孵化提高10%～15%。在孵化前期，一般不凉蛋，按照上述的施温方案，中后期的蛋温可达38.8℃。蛋壳表面积相对小，气孔小，散热缓慢。若不及时散发过多的生理热，就有可能造成胚胎闷死于蛋中。凉蛋可以加强胚胎的气体交换，排除蛋内的积热。孵化至17~19日胚龄，打开箱盖，每天凉蛋一次；26~32日胚龄，生理热多，每天凉蛋3~4次。凉蛋的时间长短不等，根据情况灵活掌握。当蛋温降至35℃时，应继续孵化。

喷水在目前被认为是提高鹅蛋孵化率的关键所在，喷水功能有3点：破坏壳上膜；促使蛋壳和壳膜不断收缩和扩张，破坏它们的完整性，加大通透性，加快水分蒸发和蛋的正常失重，使气室容积变大和供氧充足；使蛋壳松脆。

鹅蛋的壳上膜厚，蛋壳坚硬。前者影响气体和水分蒸发，后者妨碍啄壳。壳上膜的存在对孵化的头几天是有利的，随着胚龄的不断增大，尤其是当尿囊合拢后，需要吸入更多的氧气和排出大量代谢产物时，它就开始对胚胎的发育产生不良影响。在给鹅蛋反复凉蛋喷水和空气中二氧化碳的作用下，蛋壳的碳酸钙变为碳酸氢钙，其性质由坚硬变为松脆，雏鹅容易破壳，减少出雏期的死胎。因此应对17~31日龄的鹅胚进行喷水。气温高时喷冷开水；气温低时用35~40℃的温水喷洒。每天喷一次，将蛋喷至湿透，待晾干后继续孵化。

（二）鹅蛋孵化方法

孵化机依靠电力实现温度自动控制、机器翻蛋和通风。采用孵化机孵化量大、省力、操作管理方便、孵化率高。整个孵化过程均在机器内进行，但一般孵化到三照后可转入摊床上利用鹅胚的自温进行孵化，可节省能源，提高孵化机的周转率，扩大孵化量。

1. 孵化准备

孵化室在使用前要清扫、消毒，通常与孵化机的消毒同时进行，入孵前应对孵化机作全面检查，包括电热装置、风扇、控制调节系统、温度计等。检查完毕后，即可接通电源，进行试运转24小时，观察有无异常情况，然后调试好孵化机的温度，等温度稳定后方可入孵。

2. 种蛋入孵

入孵前，种蛋应先进行预热处理，特别是冬季和早春气温低时，入孵前将种蛋放在22～25℃的环境下预热4～6小时。因为种蛋在贮存期鹅胚发育处于静止状态，预热可使鹅胚逐渐复苏，有利于鹅胚发育，也可减少孵化器内温度的下降幅度，不至于影响其他批次鹅胚的发育。鹅蛋较大，在装盘时适宜于平放，有利于胚胎发育。入孵时间以下午4点后为好，这样大批出雏的时间在白天，方便后续工作。

3. 照蛋

一般孵化期内应照蛋3次，也可2次。孵化期间进行照蛋可检查胚胎的发育情况，根据胚胎的实际发育情况及时采取合理的措施。头照时间一般为6～7日龄，此步骤挑除无精蛋、散黄蛋、弱精蛋及死胚蛋；二照时间一般为16日龄进行，挑除死胚；三照可在转摊床时进行。

4. 转盘

如果采用机摊相结合的孵化方法，二照以后可直接将鹅胚转至摊床上继续孵化。如果采用全程机器孵化，鹅胚28日龄时，抽出蛋架上的蛋盘，移至出雏机内继续孵化，提高机内相对湿度，停止翻蛋，准备出雏。转盘时间视鹅胚的发育情况而定，如在有50%～60%啄壳时转盘较好。

5. 出雏

出雏前应准备好装雏鹅的竹筐，筐内应垫上垫草或草纸，一般每隔3～4小时捡雏1次。捡雏动作要求轻、快。先将绒毛已干的雏鹅迅速捡出并将空蛋壳捡出，以防蛋壳套在其他鹅胚上使胚被闷死。少数出壳困难的可进行人工辅助出壳，出雏期间，不应频繁打开出雏机，以免影响机内的温度和湿度。

6. 停电时采取的措施

大规模的孵化厂应配备专门的发电机。如遇停电，可避免不必要的损失。如没有备用发电机，应根据停电时间的长短、胚龄的大小和室温高低采取相应的措施，减少损失。如在早春室温低时，可用生火来提高室温、每半小时人工转动风扇一次，使机内温度均匀，否则，热空气聚积于机内上部导致上部过热下部过凉；若胚龄高，自温能力强，应立即打开机门散热，每隔1小时翻蛋1次，以免种蛋产生的热量过多；停电时间较长时，特别是胚龄较小时，应设法加温，改变孵化形式，胚龄大时可转入摊床进行孵化。

（三）孵化效果的检验

1. 照蛋

通过照蛋可较全面地了解鹅胚的发育情况，以便根据情况适时调整孵化条件。一照：一方面可挑除无精蛋和死精血蛋或死胚，另一方面可观察胚珠发育情况，照蛋检查蛋的钝端。二照：重点观察蛋的锐端，看尿囊是否合拢（透明）。三照：看气室大小，边缘界线是否明显，全胚蛋是否发暗等。

2. 蛋重变化

随胚龄增加，代谢加强，水分蒸发，蛋重逐渐减轻。一般孵化至5日龄时，蛋重减轻1.5%~2%；至10日龄蛋重减轻11%~12.5%；出壳雏鹅的重量为初蛋重的62%~65%。孵化期间可抽测蛋重，结合照蛋，判断相对湿度是否需要调整。

3. 出雏

观察出雏时间是否正常（约30.5天），啄壳是否整齐，出雏持续时间长短等。

4. 剖检

死雏鹅啄壳部位是否有血、卵黄、蛋清外流或喙凸出，肚脐是否有黑血块或卵黄，雏鹅身上是否被蛋白黏连等。

5.异常情况分析

（1）照蛋。一照时如有70%以上鹅胚达不到起珠标准，但死胚较少，说明孵化温度偏低；如有70%以上鹅胚发育过快，少数正常，死胚蛋超过5%，说明孵化温度偏高；如胚蛋发育正常，而弱精蛋和死精蛋较多，死精蛋中散黄较多，则说明种蛋保存或运输不当；如胚蛋发育正常，白蛋和死胚蛋较多，则可能是种鹅公、母比例不当，或饲料营养不全等原因造成的。二照时如蛋的锐端尿囊血管有70%以上没合拢，而死胚蛋又不多，说明是孵化7～15日胚龄阶段孵化机内温度偏低；如尿囊70%以上合拢，死胚蛋增多，且少数未合拢胚蛋尿囊血管末端有不同程度充血或破裂，则是孵化7～15日胚龄期间温度偏高；如尿囊20%～30%未合拢，死胚蛋超过6%，说明孵化温度太高或局部温度太高；如胚胎发育参差不齐，死胚偏多，部分胚蛋出现尿囊血管末端充血，说明孵化机内温差大或翻蛋次数少、角度不够；如胚胎发育快慢不一，血管又不充血，则可能是种蛋保存时间长，不新鲜所致。三照时如胚蛋27天就开始啄壳，死胚蛋超过7%，说明是孵化第15天后有较长时间温度偏高；如气室小、边缘整齐，又无黑影闪动现象，说明是孵化第15天后温度偏低，湿度偏大；如胚胎发育正常，死胚蛋超过10%则是多种原因造成的。

（2）出雏时间。鹅的正常出雏时间为30.5天，出壳持续时间（从开始出壳到全部出壳为止）约40小时，如死胚蛋超过15%，且二照时胚胎发育正常，出壳时间提前，弱雏中有明显的胶毛现象，说明二照后温度偏高；如果死胚蛋集中在某一胚龄时，说明某天温度偏高；如出雏时间推迟，雏鹅体软、肚大、死胎比例明显增加，二照时发育正常，说明一照后温度偏低；出雏后蛋壳内残留物（尿囊、胎粪、内壳膜、浆膜）如有红色血样物，说明温度偏低。

（3）死胚蛋。检查煮熟剥皮，如有部分蛋壳被蛋清（白）黏连，说明尿囊没合拢，孵化第18天以前出现异常；如果整个蛋壳都能剥离，则说明孵化后期出现异常；如果死胚浑身裹白、蛋白吸收不好、"吐清"，说明孵化20天前温度偏高；如果啄壳处有血迹，说明出壳时温度偏高，有时可致雏鹅脐部出现黑色血块，喙伸出壳外，卵黄外流。

（四）影响孵化率的因素

种蛋的孵化率受很多因素的影响，除孵化条件外还有以下因素。

1. 遗传因素

由于家禽种类、品种（系）的遗传结构不同，种蛋的孵化率也有所差异。一般蛋用禽的孵化率较高，肉用禽的孵化率较低，近交时孵化率会降低，一般近交系数提高1%，孵化率下降0.4%。

2. 营养水平

鹅蛋内的营养来源于母鹅的日粮。胚胎的生长发育必须靠鹅蛋中的营养，因此日粮中的维生素、微量元素等非常重要。如果母鹅日粮中营养缺乏，会导致受精率降低，胚胎出现畸形、死亡等，孵化后期无力啄壳、体弱、先天营养不足的死胚明显增加。

3. 年龄

母鹅的年龄影响种蛋的孵化率。一般青年鹅产的蛋孵化率高于老年鹅产的蛋，高产的母鹅产的蛋孵化率高于低产的母鹅所产的蛋。

4. 管理水平

鹅舍的温度、通风、垫草状况等均与孵化率有关。垫料潮湿，种蛋不及时收集等，导致种蛋较脏，间接地影响孵化率。

第十七章 鹅病毒性疾病

一、禽流感

（一）病原

禽流行性感冒简称禽流感，是由A型禽流感病毒引起的一种高度接触性的急性或慢性传染病，各日龄鹅均易感。

（二）临床症状

鹅禽流感四季都有发生，以冬、春季最常见。发病初期鹅群中一般先有个别出现症状，1~2天后波及全群，病程3~15天。急性发病型是由高致病性禽流感病毒引起的。患病鹅通常突然发病，体温升高，精神委顿，反应迟钝，毛松，扎堆，食欲减少，呼吸困难，蓝眼，眼眶湿润；下痢，排绿色粪便，部分病鹅出现头颈和腿部麻痹、抽搐等神经症状，通常在发病的1~3天内死亡率可达50%以上。慢性型多是由低致病力的病毒引起，患病鹅主要表现为呼吸道症状，如咳嗽、啰音、流泪、流鼻水、鼻窦肿胀、呼吸困难等。育成期鹅和种鹅也会感染并出现不同程度死亡。还可表现为生长停滞，精神不振，嗜睡，肿头，眼睑充血或高度水肿向外凸出呈金鱼眼样子，病程长的仅表现出单侧或双侧眼睑结膜混浊，不能康复；发病种鹅产蛋率、受精率均急剧下降，畸形蛋增多。大多数患病鹅皮肤毛孔充血、出血，全身皮下出血。头部肿大的患病鹅可见头部及下颌皮下水肿，有黄绿色胶冻状液体。剖检可见喉头黏膜出血，腺胃和肌胃的交界处黏膜出血，十二指肠黏膜出血；肝、肾出血充血，有灰黄色坏死灶；胰腺出血变性、白色或透明坏死；脾脏肿大、充血；多数病例心肌有灰白色条纹坏死；多数病例肺充血、淤血。产蛋鹅卵巢卵泡充血，斑状坏死；输卵管浆膜充血、出血，腔内有凝固蛋白。

（三）防控措施

科学饲养管理，改善饲养管理条件，保持鹅舍干燥通风。避免从疫区引种，正常的引种入群前要做好隔离检疫工作，有条件的可对引进的种鹅群抽血，做血清学检查，淘汰阳性个体，检疫完毕后方可入群。

鹅群应及时接种禽流感灭活疫苗。由于禽流感病毒易变异而且血清型繁多、免疫原性相对较差，因此应根据当地流行的毒株类型选择相应的灭活苗，最好选择多价灭活疫苗。种鹅在仔鹅阶段应进行2~3次免疫注射，产蛋前15~30天进行一次免疫，3个月左右再次免疫，经4~5次免疫的种鹅在整个产蛋期，可以控制鹅禽流感的发生。

鹅的禽流感目前没有有效的治疗方法，抗生素仅能控制并发或继发的细菌感染。应用最新的商品化禽流感疫苗是预防该病的有效方法。通常肉鹅需要3次免疫，根据饲养周期，中小型鹅分别在10日龄，30~40日龄和60~75日龄进行免疫可取得较好的效果。大型鹅应该再加强免疫一次为佳。鹅的禽流感一旦发生，应立即向畜牧兽医主管部门报告，按照《中华人民共和国动物防疫法》进行处理，封锁场地，并彻底消毒场地和用具及周边环境。

二、小鹅瘟

（一）病原

小鹅瘟是由鹅细小病毒引起的雏鹅的一种急性或亚急性的传染病，其特征性病变为渗出性肠炎。该病主要侵害1月龄以下的雏鹅。

（二）临床症状

该病可以引起小鹅急性死亡，传染速度快且死亡率高。发病鹅临床主要表现为精神委顿，离群独处，鼻孔有浆液性鼻液流出，口吐黏液、采食量减少；普遍出现下痢，拉灰黄色或黄绿色稀粪，大量肠黏膜脱落时，可见拉出腊肠样粪便。剖检可见小肠中后段黏膜坏死脱落与纤维素性渗出物凝固形成栓子，形如腊肠状；肠道血管充血；十二指肠的黏液增多，肿胀、充血，黏膜呈现橘黄色；小肠中后段膨大增粗，肠壁变薄，里面有容易剥离的凝固性栓子；肝脏肿大，心肌苍白，肾脏肿胀。

（三）防控措施

雏鹅使用小鹅瘟弱毒活疫苗注射1～2羽份可取得较好预防效果，高免血清或者卵黄抗体也可使雏鹅免于发病。不过由于抗体的使用，使得小鹅瘟发病日龄推迟，甚至1月龄以上仍然能见到典型病例。对于已出现临床症状的鹅，紧急接种小鹅瘟弱毒活疫苗或者使用小鹅瘟高免血清或者卵黄抗体均能取得良好的治疗效果。另外，要注意做好饲养殖场的卫生，全场彻底消毒。把好引种关，已引进的鹅要隔离饲养观察后再入群。

三、坦布苏病毒病（黄病毒病）

（一）病原

该病是由坦布苏病毒引起的以患病鹅软脚、翅麻痹为主要特点的传染病，鹅源与鸭源坦布苏病毒在基因组结构上和生物学特征上无差异。

（二）临床症状

该病的潜伏期一般为3～5天，呈现高发病率低死亡率的特点。肉鹅通常发病日龄为40～60日龄，表现为拉绿色稀便，双脚和翅麻痹，死淘率可达10%左右。其临床表现与鸭颇为相似，以拉绿色稀便、软脚和翅麻痹为特征。胰脏针尖状白色坏死；部分脑膜出血、充血。急性感染种鹅群后，患病1周左右，母鹅产蛋量急剧下降，产软壳蛋、砂壳蛋、畸形蛋和无蛋壳；初期患病鹅表现为体温升高，采食量下降；发病高峰期，患病鹅排白色或者草绿色水样稀粪，严重的可出现脱肛，部分患病鹅双腿无力、向后伸展。多数患病鹅可自然恢复，产蛋量难以恢复到高峰。

病鹅剖检可见卵泡及卵泡膜充血、出血、坏死和退化，蛋黄破裂；肝脏肿大、淤血，胰脏表面有针尖状白色坏死；脾脏呈大理石样病变。

（三）防控措施

该病的预防以疫苗接种为主。此外，应加强生物安全措施，定期消毒，可以利用酸性或含去氧胆酸盐的消毒剂进行消毒。

目前商品化的疫苗包括齐鲁动保生产的WF100株弱毒疫苗、青岛易邦和吉林正业公司生产的FX-180P株和金宇优邦、乾元浩、天津瑞普生产的灭活疫苗（HB株）。一般使用坦布苏灭活疫苗要想起到令人满意的保护作用，需要多次免疫。减毒活疫苗的效果优于灭活疫苗，一次免疫可产生良好免疫保护。但如果毒株致弱不够充分，可能会对产蛋有轻微影响。

该病目前尚无有效特异性治疗药物。发病早期可采用弱毒疫苗紧急接种，或者采用卵黄抗体或高免血清进行紧急预防或治疗，可减少死亡。同时可对发病鹅群使用抗病毒中药如清瘟败毒散、双黄连等，可提高鹅群抵抗力。经过上述方法治疗可获得较满意的效果。

四、鹅副黏病毒病

（一）病原

鹅副黏病毒病就是鹅的新城疫。该病的发病率非常低，最高为10%，死亡率低，最高达10%。

（二）临床症状

该病曾出现流行。其流行没有明显的季节性，不同品种、不同日龄的鹅易感度很低。患鹅发病初期拉灰白色稀粪，病情加重后粪便呈暗红、黄色、绿色或墨绿色水样，精神委顿和衰弱，眼有分泌物，眼睑周围湿润。常蹲地，少食或拒食，体重迅速减轻，但饮水量增加。行动无力，浮在水面，随水漂流。患病雏鹅有甩头、咳嗽等呼吸道症状。成年鹅一般无明显症状。

（三）防控措施

可采用鸡新城疫相应疫苗预防，通常2次免疫就能达到良好的保护。发病后可用新城疫疫苗紧急接种。

五、鸭瘟病毒感染

（一）病原

该病又称鹅病毒性溃疡性肠炎，是由鸭瘟病毒引起的一种急性败血性传染病，具有传播快、发病率和死亡率高的特点。以高热、流泪、头颈肿大，泄殖腔溃烂，排绿色稀便和两腿发软为主要发病特征。

（二）临床症状

该病曾在广东、广西和海南呈地方性流行，但近10年来极少发生。过去，不同年龄、品种、性别的鹅均可发病，但以15～50日龄的鹅易感性高，死亡率达80%左右，从发病到死亡的时间常为2～5天。成鹅发病率和死亡率随环境条件而定，一般10%左右。病初体温升高到42℃以上，精神萎靡，食欲废绝，喜饮水，两脚发软，伏地不起，翅膀下垂。一个特征性症状是眼睑水肿、眼结膜充血、流泪，眼周围羽毛湿润；头颈肿大，鼻孔流出多量浆液、黏液性分泌物，呼吸困难，常仰头、咳嗽；腹泻，排黄绿、灰绿或黄白色稀便，粪中带血，肛门水肿，泄殖腔黏膜充血、肿胀，严重者泄殖腔外翻；患病公鹅的阴茎不能收回。一般发病后2～5天死亡，有的病程可延长。成年鹅多表现流泪、腹泻、跛行和产蛋率下降。剖检可见全身浆膜、黏膜、皮肤有出血斑块；眼睑肿胀、充血、出血并有坏死灶；口腔及食道有灰黄色假膜或出血点，嗉囊与腺胃交界处呈现环状色带或黄色假膜，假膜下是出血斑或溃疡；肌胃角质膜下、腺胃黏膜有出血斑或点；肠黏膜弥漫性出血，尤以十二指肠为甚；小肠集合淋巴滤泡肿胀，或形成纽扣状固膜性坏死；直肠后段斑驳状出血或形成连片的黄色假膜；泄殖腔充血、出血、水肿，黏膜表面覆盖有不易剥离的灰绿色坏死结痂，用刀刮有磨砂感；心、肝、肾等实质性器官表面淤血或出血点；肝表面有灰黄或白色坏死灶；脾不肿大，呈斑驳状变性；法氏囊水肿、出血等。

（三）防控措施

该病主要以预防为主，疫区鹅用鸭瘟弱毒苗预防接种，方法为：15日龄以下雏鹅用鸭的2倍剂量；15～30日龄雏鹅用3倍剂量；30日龄以上鹅用4倍剂量；对发病鹅群，在采取隔离、消毒措施的同时，用上述剂量的鸭瘟疫苗进行紧急预防接种。不从鸭瘟疫区引种；鹅与鸭分群饲养，避免同饮一池水；严格消毒制度，对鹅舍、运动场、水池等定期消毒；对病鹅应多喂青饲料，少喂精料，同时用口服补液盐代替饮水，连饮4~5天，并在饲料中适当增喂维生素，以增强抗病力，预防继发感染。

六、鹅痛风病

（一）病原

鹅痛风病是一种以内脏和关节痛风为主要症状和剖检变化的疾病，该病诱发病原为鹅星状病毒，此外采食大量的高蛋白饲料以及代谢紊乱，也可导致该病的发生。

（二）临床症状

该病主要发生于5~20日龄的雏鹅，患病鹅精神沉郁，嗜睡，卧地倦动，食欲不振或者完全废绝，部分病鹅呼吸急促；机体渐进性消瘦，皮肤发痒，羽毛下垂，经常出现自啄羽毛的现象；排白色的水样稀粪，其中混杂石灰渣样的尿酸盐。剖检表现为内脏器官及关节腔的严重尿酸盐沉积，死亡率最高可达50%。

（三）防控措施

目前，尚无针对该病的商品化疫苗可用，预防该病的发生主要以加强饲养管理为主。保持饲养环境清洁卫生，进行适当通风换气，定时对孵化室、孵化器和育雏舍进行消毒。严格控制饲料的营养搭配，禁止随意提高蛋白质、钙等含量；鹅尽量增加新鲜青绿饲料的喂量；提供充足的清洁饮水并可在饮水中添加0.2%~0.3%的小苏打。另外可以注射星状病毒卵黄抗体，但效果不确实。

第十八章 鹅常见细菌病

一、鹅传染性浆膜炎

（一）病原

该病病原为鸭疫里默氏杆菌，为革兰氏阴性短杆菌。

（二）临床症状

1月龄雏鹅对该病敏感，但多发于20日龄以内雏鹅。自然感染发病率一般为10%～50%，发病鹅死亡率为5%～30%不等。感染鹅临床表现为精神沉郁、蹲伏、湿毛、流鼻涕，粪便稀薄呈绿色或黄绿色。严重的前仰后翻，翻倒后仰卧不易翻身，呼吸困难，有的出现角弓反张现象。随着病程的发展，部分鹅表现为生长不良、极度消瘦。该病最明显的剖检病变为纤维素性心包炎、肝周炎、气囊炎，脾脏肿大、呈斑驳样。

（三）防控措施

预防该病首先要改善育雏室的卫生条件，特别注意通风、保持干燥、防寒及降低饲养密度，地面育雏要勤换垫料。做到"全进全出"，以便彻底消毒。发病后应根据细菌的药敏试验结果选用敏感的抗菌药物进行治疗。雏鹅在10日龄接种鸭传染性浆膜炎灭活油佐剂疫苗可以有效地预防该病的发生，两次免疫后其免疫力可维持到上市日龄。由于鸭疫里默氏菌的血清型较多，疫苗中应含有主要血清型菌株。发生该病后，可使用蜂胶佐剂疫苗结合敏感抗生素进行治疗，效果较好。

二、禽霍乱

（一）病原

禽霍乱是由多杀性巴氏杆菌引起的一种急性、败血性的接触性烈性传染病，又叫禽出败或禽巴氏杆菌病。

（二）临床症状

1. 最急性型

表现为病鹅突然死亡且原因不明，通常发生在流行初期，病程极短，剖检无明显病变。

2. 急性型

发症急，死亡快，往往看不到症状即死亡。发病鹅闭目呆立，不敢下水，饮水增多，尾翅下垂，羽毛松乱，有时频频摇头（也称摇头瘟），离群独处；食欲废绝，口腔内有白色黏液流出；腹泻，排黄色和绿色稀便，严重时带血；翅和腿关节肿胀；鼻流黏液，呼吸困难，中耳感染则引起颈扭转或斜颈。剖检可见心包积液，心外膜、心冠沟脂肪有大量出血点；肝脏、脾脏的表面布满由灰白色至灰黄色的针头大小的坏死小点；肠道充血、出血，特别是十二指肠出现卡他性出血性肠炎，盲肠黏膜有溃疡；胸腹腔的黏膜、浆膜有出血点或出血斑；肺脏充血、水肿或有纤维性渗出。

3. 慢性型

常因病原菌入侵器官的不同呈现不同的病变。通常表现为鼻腔、上呼吸通、支气管有黏稠的分泌物或纤维素凝块，有时肺部变硬，面部水肿，关节面粗糙，有干酪样渗出物，中耳和颅骨局限性感染。公鹅肉髯肿大，内有干酪样物质。每日零星死亡，持续时间1个月以上。

（三）防控措施

加强饲养管理，采取全进全出的饲养制度，做好清洁卫生消毒工作以杜绝传染源和切断传播途径，该病原菌对常见消毒药物都敏感，在自然干燥环境中或酸性环境中很快死亡。故疫区应在该病流行之前彻底消毒，保持养殖场所干燥、干净、通风、光线充足。同时要定期检疫，早发现早隔离治疗。养禽场若无禽霍乱发生时，一般不需要用苗，若曾发生过禽霍乱则应进行疫苗接种，常用的疫苗有弱毒活菌苗和灭活菌苗。在短期预防可肌内注射或皮下注射高免血清，预防期为7天。发病后根据细菌的药敏试验结果选用敏感的抗菌药物进行治疗。

三、鹅大肠杆菌病

（一）病原

该病是由大肠埃希氏杆菌所引起的一种传染病。2周龄以内的雏鹅多发，呈败血性感染。该病也是成年母鹅常见的疾病。该病一年四季均可发生，发病率在10%~67.4%，死亡率在8.6%~49.7%，个别严重的鹅场可达50%左右。

（二）临床症状

1. 急性

主要为败血型，发病急，死亡快，食欲废绝，饮水增多，体温比平时高1~2℃，母鹅死后泄殖腔内有硬壳或软壳蛋滞留。

2. 亚急性

病鹅精神沉郁，食欲下降，不愿走动或在水面上浮游不动，离群呆立，后期食欲废绝，眼睛凹陷，脱水。母鹅排泄物有蛋清、凝固蛋白，蛋黄呈煮蛋汤样，肛门周围羽毛常潮湿沾染着恶臭排泄物。公鹅阴茎充血肿大2~3倍，露于体外不易回收，表面有芝麻至黄豆大的小结节，里面是黄色脓性渗出物或干酪样坏死物质，严重病鹅表面有黑色坏死结节。雏鹅主要表现精神不好，站立不稳，头向下弯曲，嘴触地，口流清水，呼吸困难，气喘，发出呼噜声，拉黄白色稀便，病程短，疾跑伸颈，随即倒地而死。

3.慢性

少数病例病程可达10天以上，最后多因衰竭而死，病鹅尸体消瘦。母鹅剖检可见卵黄性腹膜炎，肠黏膜上有针尖大小出血点，卵子变形，呈灰、褐、酱等异常色泽，腹腔有凝固性硬块，有卵黄碎片，肠管黏连；剖检雏鹅可见气管有黄白色带泡沫的分泌物，肺气肿，肝脏肿胀，质脆易碎，瘀血，表面有针尖大的出血点及灰黄色坏死点，脾充血肿胀。

（三）防控措施

临床预防和治疗可根据分离细菌的药敏试验结果来选用适当的抗生素，同时饮含电解质、维生素等营养物质的水，增强病鹅抵抗力。大肠杆菌的血清型比较复杂，在生产中，可根据当地流行情况选用合适的疫苗或多价疫苗。

四、鹅沙门氏菌病

（一）病原

病原为多种沙门氏菌，又称鹅副伤寒，是鹅及各种家禽常见的传染病，主要危害雏鹅。

（二）临床症状

经蛋垂直传染的雏鹅，出壳后数天内即出现死亡，以后逐日增加，至1～3周时达高峰，病雏鹅常表现精神沉郁，食欲不振至废绝，喜饮水；腹泻，粪便呈稀粥样或水样，常混有气泡，呈黄绿色；肛门周围被粪便污染，干涸后封闭泄殖腔，导致排粪困难；眼结膜发炎、流泪、眼睑水肿；鼻流浆液性或黏液性分泌物；腿软、呆立、嗜睡、缩颈闭目、翅膀下垂、羽毛蓬松；呼吸困难，常张口呼吸。雏鹅多在病后2～5天内死亡。成年鹅无明显症状，呈隐性感染。剖检可见肝脏肿大、充血、表面色泽不均，呈黄色斑点，肝实质内有细小灰黄色坏死灶（副伤寒结节）；胆囊肿大，充满胆汁；肠黏膜充血、出血、淋巴滤泡肿胀，常凸出于肠黏膜表面，盲肠内有白色豆腐样内容物；有时有卵巢、输卵管、腹膜的炎性变化。

（三）防控措施

预防该病最主要的方法是保持种鹅健康，淘汰慢性病鹅。孵化前对种蛋和孵化器进行严格消毒。雏鹅与成年鹅分开饲养，并做好卫生消毒及饲养管理工作。对有发病的雏鹅群可根据分离细菌的药敏试验结果来选用适当的抗生素进行治疗和预防。

五、雏鹅曲霉菌病

（一）病原

雏鹅曲霉菌病是因采食含曲霉菌的饲料而引起一种以呼吸困难为主的疾病。该病主要特征是在雏鹅的肺和气囊中有小结节的形成，严重的能见到霉斑，常与细菌病（浆膜炎、大肠杆菌等）并发。

（二）临床症状

多数病雏主要表现精神委顿，呼吸困难，拉黄白色稀粪。严重的可见呼吸困难，呼吸次数增多。剖检可见肺及气囊均散的小米或绿豆大的黄色结节中心，质地柔软，有弹性，如同橡皮；严重的可见灰黑色的菌丝。

（三）防控措施

注意通风换气和舍内的温度和适度，保证饲料不出现霉变。发病后给予适量制霉菌素，同时加适量抗生素预防继发感染。

第十九章 鹅常见寄生虫病

一、鹅羽虱病

（一）病原

该病的病原是羽虱，种类多，营终生寄生生活，其靠吞吃鹅的羽毛、皮屑生存。整个发育过程分为卵、若虫、成虫3个阶段。

（二）临床症状

该病一年四季可发，其中以冬、春季较多发。寄生在鹅头部和体部的羽虱呈椭圆形，全身有密毛，呈黄色；寄生在鹅翅部的羽虱呈灰黑色。春季鹅虱大量繁殖，吞噬鹅的皮屑，使鹅奇痒不安，羽毛脱落，甚至造成鹅毛脱光。鹅只患病后渐进性消瘦，贫血，生长发育迟缓，种鹅产蛋率下降，抵抗力降低。

（三）防控措施

预防措施包括加强饲养管理，定期对场所进行消毒灭虫处理。对已发病鹅场可采取以下措施：喷涂法，0.2%敌百虫于夜间喷洒鹅体，同时对鹅舍墙壁、地面及用具进行消毒。用3%~5%硫黄粉喷涂羽毛；药浴法，取精制敌百虫0.5份，温水99.5份，将鹅浸入混合药液内数秒钟。药浴法对虱卵无效，浴后

10天应再重复施用一次，以杀死孵出的幼虱。药浴时要提高舍温，以防鹅感冒。使用敌百虫时需注意剂量，避免鹅误食，以防中毒。此外，还可以用含丙硫咪唑和伊维菌素的体内和体外同驱的寄生虫药物。

二、鹅剑带绦虫病

（一）病原

鹅剑带绦虫病是由矛形剑带绦虫引起的一种常见寄生虫病。成虫主要寄生在鹅的小肠，可引起肠黏膜损伤和造成消化机能障碍。

（二）临床症状

临床上以消瘦、下痢和出现神经症状为特征。雏鹅感染后排淡黄色稀便，粪便中有水草碎片，其食欲减少，饮欲增加，生长发育不良。2月龄的发病幼鹅食欲减少，精神委顿，羽毛松乱无光泽，下水后易浸湿，翅下垂。消化机能障碍，饮欲增加，口腔积液，流涎，下痢，初为稀糊状，后为白色或淡绿色稀粪或水样稀粪，有恶臭味，并混有黏液和长短不一的虫体孕卵节片。严重的患病鹅排出的稀便中有白色绦虫节片。后期极度贫血，多数在瘦弱中死亡。

（三）防控措施

带病的成年鹅是该病的主要传染源，通过粪便可以大量排出虫卵。应在每年入冬及开春时及时进行驱虫。幼鹅应在18日龄（虫体成熟期为20天）驱虫1次。其中间宿主为剑蚤，有条件的可杀灭剑蚤。鹅群发病后可将被污染池塘内的水排干，重新灌入新水或施用农药、化肥。患病鹅可用硫双二氯酚、氯硝柳胺、石榴皮槟榔合剂等喂服治疗。

三、鹅球虫病

（一）病原

鹅球虫病是由艾美尔属和泰泽属的球虫寄生于鹅的肠道或肾脏而引起的一种原虫性寄生虫病。2周至3月龄的雏鹅和幼鹅易染该病，其发病死亡率低，影响小。

（二）临床症状

1. 肠球虫病

急性病例多见于雏鹅，病初鹅精神不振，羽毛松乱，无光泽，缩头，行走缓慢，闭目呆立，有时卧地，头弯曲藏至背部羽下，食欲减少或不食，喜饮水，先便秘后排稀便，泄殖腔周围粘有粪便。剖检可见小肠出血性卡他性炎症，小肠中下段最为严重，肠内充满红褐色液体，肠壁上可能出现大的白色结节或纤维素性类白喉坏死性肠炎。

2. 肾球虫病

由截形艾美尔球虫引起。此种球虫分布很广。患鹅发病急，食欲不振，排白色粪便，翅膀下垂，眼睛无神，而且对外界刺激反应比较迟钝，有流泪表现。剖检可见肾脏肿大，呈淡灰黑色或红色，有出血斑和针尖大小的灰白色病灶，内含尿酸盐沉积物及大量卵囊。肾小管肿胀，内含卵囊、崩解的宿主细胞和尿酸盐。

（三）防控措施

发生过该病的鹅场易形成疫源地，应加强饲养管理和日常消毒，及时清除舍内粪便、垫草及污物并作堆积发酵处理，以杀灭球虫卵囊。饲养场地保持清洁、干燥，不到低洼、潮湿地带放牧。可用复方磺胺甲基异恶唑预防，治疗可选用氨丙啉、氯苯胍、磺胺二甲基嘧啶、磺胺六甲嘧啶等。

四、鹅裂口线虫

（一）病原

鹅裂口线虫是一种裂口线虫寄生于鹅的肌胃中而引起的疾病。其主要危害小鹅，多发生在夏季。

（二）临床症状

鹅吞食后停留在腺胃内，之后进入肌胃，经一段时间发育为成虫，危害鹅只。病雏精神萎靡，食欲减退或不食，生长发育受阻，羽毛暗乱，体弱，贫血，出现消化障碍，步行摇摆，有时腹泻。虫体过多且饲养管理不当时可造成大批死亡。虫体少或鹅的日龄较大时其症状不明显，这类鹅往往成为传染源。

（三）防控措施

寄生裂口线虫的病鹅为传染源，虫卵随其粪便排出，并在30℃左右的温度和适宜的湿度下1天内即形成第一期幼虫。因此大小鹅应分开饲养，避免雏鹅受裂口线虫侵袭。同时加强鹅舍卫生管理，彻底消毒。雏鹅从放牧开始，经17~22天可进行第一次预防性驱虫，以后依据情况进行第二次驱虫。驱虫应在隔离鹅舍内进行，投药后2天彻底清除粪便，并对粪便进行发酵处理。患鹅可用盐酸左旋咪唑、丙硫咪唑、驱虫净等治疗。

五、鹅嗜眼吸虫病

（一）病原

鹅嗜眼吸虫病是由嗜眼科的鹅嗜眼吸虫寄生于鹅的眼结膜囊和瞬膜下而引起的一种寄生虫病。寄生在眼结膜的嗜眼吸虫所产的卵随眼分泌物落入水中，继而孵出毛蚴，并在螺内发育为尾蚴后离开螺体到水生植物上形成囊蚴，当鹅在水中吞食了附有囊蚴的螺体或水生植物后引起感染。

（二）临床症状

在一些养鹅地区，该病发生率很高，可达80%。由于虫体机械性刺激并分泌毒素，患病鹅初时流泪，眼结膜潮红，泪水在眼中形成许多小泡沫，眼睑水肿，虫体的刺激使病鹅用脚蹼不停地搔眼或头颈回顾翼下或背部揩擦搔痒，眼睑晦暗，增厚，呈树枝状充血。重症鹅角膜混浊，出现溃疡，并有黄色块状坏死物凸出于眼睑，形成脓性溃疡。大多数单侧眼发病，也有双侧同时发病的。病鹅初期食欲减退，常摇头、弯颈，用爪搔眼。眼内虫体较多的病鹅，可双侧眼发病，由于强刺激而失明，难以进食，很快消瘦，如是种鹅则产蛋减少，最后导致死亡。成年鹅感染后症状较轻，主要呈现结膜炎、角膜炎变化，患病母鹅产蛋量下降。

（三）防控措施

不到易染疫病的水域放牧，杀灭瘤拟黑螺等，杜绝病源传播；在流行地区，若将水生植物作为饲料时应做杀灭幼囊处理后再饲喂。患病鹅可用75%酒精滴眼治疗，方法是将鹅保定，用钝头金属棒或眼科玻璃棒扒开瞬膜，用药棉吸干泪液后，立即滴入75%酒精4～6滴。用此法滴眼驱虫操作简便，可使病鹅症状很快消失，驱虫率可达100%。酒精对眼的刺激作用会引起暂时性充血，用环丙沙星眼药水滴眼即可恢复。

六、鹅棘口吸虫病

（一）病原

鹅棘口吸虫病是由棘口科的多种吸虫寄生于鹅的直肠、盲肠（少数在小肠）而引起的一种寄生虫病。其分布广泛，中间宿主为淡水螺，主要危害雏鹅，一年四季均可引起感染。

（二）临床症状

该病对雏鹅危害较为严重，虫体的机械刺激和毒素作用可引起肠黏膜损伤和出血，剖检可见盲肠和直肠出现出血性炎症，肠黏膜上有许多虫体附着。病鹅食欲不振，消化不良，下痢，粪便中带有黏液和血丝，贫血、消瘦，生长发育受阻，最后由于极度衰竭而亡。成年鹅患病后体重下降，母鹅产蛋量减少。

（三）防控措施

该病预防应减少放牧，不喂食受污染的水草。对鹅群进行预防性驱虫，可用丙硫咪唑，每半月驱虫1次。对饲养环境、鹅舍、用具进行经常性消毒。及时清除粪便、垫草及污物，驱虫后24小时内将清除的粪便作堆积发酵处理。有条件的应灭螺，以消灭中间宿主。患鹅可用硫双二氯酚、丙硫苯咪唑、氯硝柳胺、槟榔煎剂等治疗。

参考文献

曹斌，王健，臧大存，等. 2009. 3个品种鸭的屠宰性能及肌肉营养成分比较[J]. 畜牧与兽医，41（12）：13-15.

陈冲. 2019. 肉鸭饲养管理及疾病防治要点初探[J]. 中国畜禽种业（2）：171.

陈俊鹏. 2016. 狮头鹅品种资源开发利用技术[J]. 中国畜牧兽医文摘，32（7）：72.

程安春. 2004. 养鸭与鸭病防治[M]. 北京：中国农业大学出版社.

董霞. 2019. 鸭细菌性疾病防治[J]. 四川畜牧兽医（9）：55.

杜金平，丁山河. 2010. 肉鸭标准化养殖技术[M]. 武汉：湖北科学技术出版社.

韩惠华. 1989. 太湖鹅种鹅场场地选择和栏舍建筑[J]. 养禽与禽病防治（1）：20.

何仁春，陈林，廖玉英，等. 2015. 三个肉鸭品种肉用性能的比较研究[J]. 上海畜牧兽医通讯（2）：5-7.

姜晓宁，田家军，杨晶. 2018. 导致雏鹅痛风新型鹅星状病毒的分离鉴定[J]. 中国兽医学报（5）：871-877.

李朝国，张记林. 2003. 鸭高效饲养与疫病监控[M]. 北京：中国农业大学出版社.

李闯. 2016. 肉鸭优质高产养殖技术（1）肉鸭优良品种介绍[J]. 湖南农业（7）：20.

李福伟，张桂红，吴玄光. 2005. 小鹅瘟的诊断与防治[J]. 养禽与禽病防治（12）：43-45.

李献龙. 2011. 鹅蛋孵化技术规程[J]. 农村养殖技术（20）：14.

李永彬，李洪波. 2019. 雏鸭科学饲养管理技术[J]. 四川畜牧兽医（4）：43-44.

林祯平，林敏，王思庆. 2011. 广东鹅品种资源保护及利用现状[J]. 水禽世界（4）：7-10.

刘钰庆. 2013. 肉鸭养殖专家答疑[M]. 济南：山东科学技术出版社.

陆新浩，刘友生，陈秋英. 2013. 鸭坦布苏病毒感染导致种鹅产蛋性能下降及死亡的病因分析[J]. 浙江畜牧兽医，38（5）：6-7.

马艳丽，李世龙，董崇波. 2014. 肉鹅品种简介[J]. 水禽世界（5）：45-46.

毛战生. 1991. 鹅业生产[M]. 北京：农业出版社.

梅述江，潘金刚，邱爱斌. 2008. 商品鹅饲养管理技术[J]. 农村科技（5）：72-73.

谭清心. 2019. 雏鸭饲养管理的关键控制点[J]. 当代畜禽养殖业（2）：13.

田允波，黄运茂，许丹宁. 2010. 鹅反季节饲养繁殖技术[M]. 中山：中山大学出版社.

王敏. 2004. 鹅种蛋孵化技术[J]. 农村科技（11）：10.

王琦，朱巍. 2019. 肉鸭的饲养管理要点解析[J]. 现代畜牧科技（6）：54-55.

王秀茹. 2017. 规模化养鹅场选址和鹅舍设计与建设技术要点[J]. 养禽与禽病防治（1）：17-19.

温正乐. 2018. 肉鸭健康养殖饲养管理技术[J]. 养殖与饲料（10）：34-35.

吴俊穗. 2019. 肉种鸭产蛋期饲养管理要点探究[J]. 中国畜禽种业（3）：191.

肖军，任东波. 2008. 鸭的养殖[M]. 长春：吉林摄影出版社.

徐志建，戴网成，沈晓昆. 2010. 中国家鸭品种的羽色[J]. 水禽世界（5）：46-47.

许丹宁，田允波，黄运茂. 2010. 肉鸭健康养殖技术[M]. 中山：中山大学出版社.

杨述应，杨广文，苏丝. 2007. 雏鹅副伤寒的治疗[J]. 中国禽业导刊（23）：48-49.

杨政权，周国文，何大乾，等. 2008. 浅谈规模养鹅场建设[J]. 上海畜牧兽医通讯（4）：74-75.

张金芳，侯泮永. 2019. 常见肉鸭疾病的诊断与防治[J]. 山东畜牧兽医（40）：30-31.

张廷亮. 2019. 鸭常见传染病发病症状、预防及防治[J]. 畜牧兽医科学（15）：109-110.

张玉团，黄承锋. 1996. 预防鹅感染鸭瘟病[J]. 广东畜牧兽医科技（2）：39-40.

朱维正，张泽黎，郭健颐. 2004. 鸡鸭鹅病防治（第四次修订版）[M]. 北京：金盾出版社.

图1 绍兴鸭

图2 金定鸭

图3 山麻鸭

图4 北京鸭

图5 樱桃谷鸭

图6 番鸭

图7 三水白鸭配套系

图8 狮头鹅

图9　乌鬃鹅

图10　阳江鹅

公鹅　　母鹅

图11　马冈鹅

图12　朗德鹅

图13　四川白鹅

图14　太湖鹅

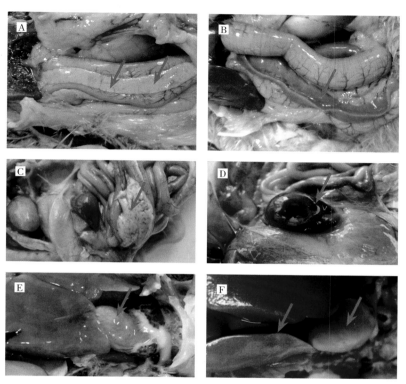

（A：胰脏白色坏死点；B：胰脏充血；C：透明坏死灶；
D：脾脏肿大、淤血；E：心肌条纹状坏死；F：心脏和肝脏呈水煮样）

图15　鸭高致病性禽流感

（A：肠道充盈，隐约可见肠芯填充；B：肠道内出现被内容物包裹的黄色
肠芯；C：肠道内出现"腊肠样"黄色肠芯）

图16　番鸭细小病毒病

（A：翅膀出现断羽；B：鸭上喙变短，舌外露；C：肝脏萎缩）

图17　新型鹅细小病毒病

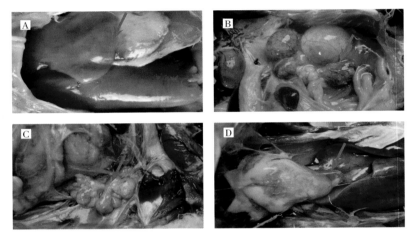

（A：肝脏呈土黄色；B：卵泡出血；C：卵泡液化；D：心包少量积液）

图18　坦布苏病毒病

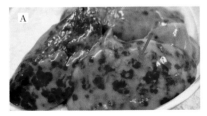 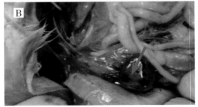

（A：肝脏片状不规则出血，中间有黄色坏死灶；B：脾脏片状出血）

图19　番鸭新型呼肠孤病毒病

（A：肝脏点状出血，部分区域连成一片；B：肝脏散在大小不一的点状出血）

图20　鸭甲肝病毒病（鸭肝炎）

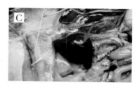

（A：肝脏肿大，苍白；B：肝脏苍白；C：脾脏肿大，淤血）

图21　鸭白肝（鸭腺病毒3型感染）

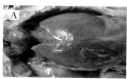

（喉头黄色假膜）　　　　（A：肝周炎；B：心包炎、肝周炎）

图22　鸭瘟　　　图23　鸭传染性浆膜炎（鸭疫里默氏杆菌病）

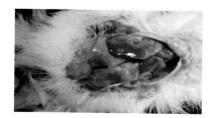

（雏鸭腹内残留卵黄囊体积大）

图24　鸭卵黄吸收不良

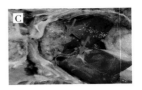

（A：结膜炎，失明；B：眼眶周围潮湿；C：心包炎、肝周炎）

图25　鸭大肠杆菌感染

（肝脏白色针尖样坏死灶）　　　（A：心脏、肾脏、腹膜可见白色尿酸盐沉积；

图26　鸭巴氏杆菌病　　　　　　B：心脏、肝脏可见白色尿酸盐沉积）

（鸭出败、鸭霍乱）　　　　　　　　　**图27　鸭痛风**

（A：肠道充盈，肿胀；B：肠道上皮脱落；C：肠道可见"番茄"样内容物）

图28　鸭坏死性肠炎（梭菌感染）

（腹膜上可见霉菌菌落）

图29　霉形体感染

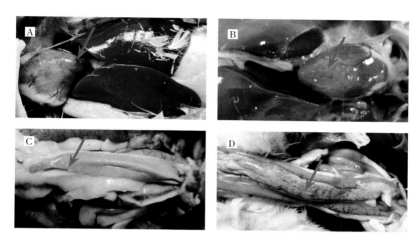

（A：心肌出血；B：心肌条纹状坏死；C：胰腺大量白色坏死灶；
D：胰腺出血、伴有白色坏死灶）

图30　鹅高致病性禽流感

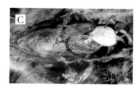

（A：肾脏苍白出血，腹膜尿酸盐沉积；B：肾脏苍白；
C：心包膜、腹膜等处大量尿酸盐包裹）

图31　鹅痛风（星状病毒感染）

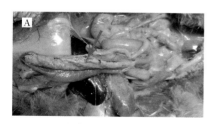

（A：肠道黄白色栓子；B：肠道黄色栓子，形成"肠芯"）

图32　鹅细小病毒病（小鹅瘟）

（A：翅膀麻痹，腿麻痹；B：胰脏针尖状白色坏死）

图33 鹅坦布苏病毒病

（A：心包炎、气囊炎；B：心包炎、肝周炎）

图34 鹅浆膜炎（鸭疫里默氏杆菌感染）

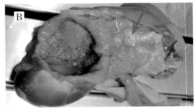

（A：气管大量黏液；B：腺胃白色酪样物）

图35 鹅"呼吸道"（大肠杆菌、沙门氏菌感染）

（肺部黑色霉菌菌落）

图36 鹅霉形体感染